這是＿＿＿＿＿的書

驚奇連連的
人體探索之旅

從舌頭到腳趾頭，
還有中間那些亂七八糟的東西

明蒂・湯瑪斯、蓋伊・拉茲 / 文

傑克・提戈 / 圖

羅亞琪 / 譯

三民書局

全世界的 WOW 迷，這本書獻給你們。——明蒂姐姐和蓋伊哥哥

給我的妻子彤雅和我的家人，謝謝你們所有的支持。——傑克‧提戈

WOW 科學妙妙妙：驚奇連連的人體探索之旅

作　　　者	明蒂‧湯瑪斯 (Mindy Thomas)　蓋伊‧拉茲 (Guy Raz)
繪　　　者	傑克‧提戈 (Jack Teagle)
譯　　　者	羅亞琪
責任編輯	鄭筠潔
美術編輯	張長蓉

發 行 人	劉振強
出 版 者	三民書局股份有限公司
地　　址	臺北市復興北路 386 號 (復北門市)
	臺北市重慶南路一段 61 號 (重南門市)
電　　話	(02)25006600
網　　址	三民網路書店 https://www.sanmin.com.tw

出版日期	初版一刷 2022 年 6 月
書籍編號	S361090
Ｉ Ｓ Ｂ Ｎ	978-957-14-7430-4

WOW IN THE WORLD: THE HOW AND WOW OF THE HUMAN BODY
Text by Mindy Thomas and Guy Raz
Illustrated by Jack Teagle
Copyright © 2021 by Tinkercast, LLC
Complex Chinese translation copyright © 2022 by San Min Book Co., Ltd./Honya
Book Co., Ltd.
Published by arrangement with Writers House, LLC
through Bardon-Chinese Media Agency
ALL RIGHTS RESERVED

三民書局

目錄 CONTENTS

本書特色

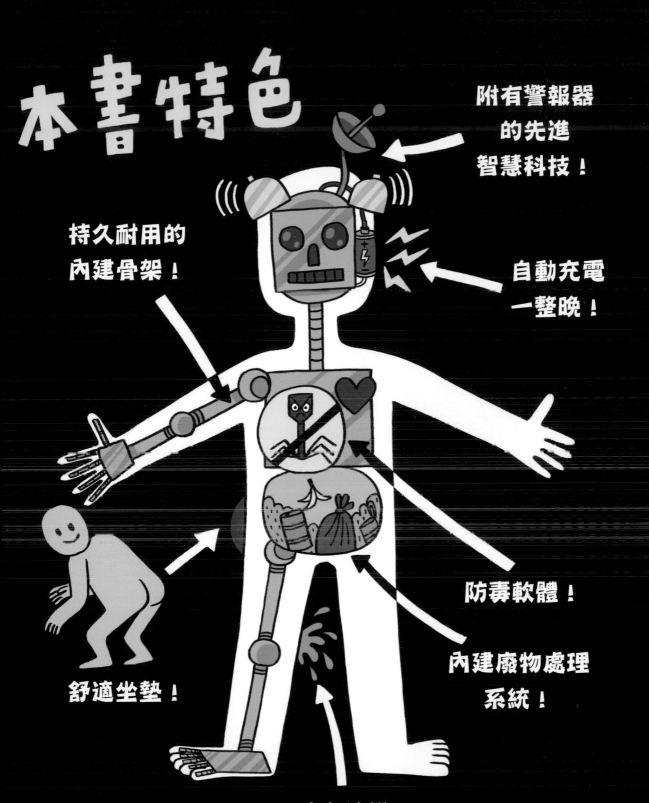

附有警報器的先進智慧科技！

持久耐用的內建骨架！

自動充電一整晚！

防毒軟體！

內建廢物處理系統！

舒適坐墊！

防水外殼！

導論
歡迎來到你的身體！

想在這個世界尋找一些真的很妙的東西嗎？別找了，你的身體就是答案！因為你可是一個會走路、會說話、會嘔吐、會呼吸、會便便的神奇玩意！你的身體是一個客製化的行動裝置，還有終身保固！＊（＊終身的長度視人而定。）

在這本書裡，我們要帶你從上到下、由裡到外好好參觀你的身體，探索它究竟是如何運作的。

開始之前，請記住下面這三要三不：

耶！

要打亂順序閱讀。有些書必須從頭讀到尾，但這本不是。從引起你注意的部分開始讀吧。當然，要是所有的內容都讓你很感興趣，就從第一頁開始一直讀下去！

哇！

要「好康道相報」，告訴親朋好友你閱讀這本書的心得。你將被灌輸很多新奇有趣的妙知識，如果不分享出去，可能會爆炸。＊
（＊其實這是天大的謊言。）

真有趣！

想知道更多關於某個人體部位的知識，就要好好去挖一挖。有很多很多東西可以發掘，要是我們把身體每一個部位的所有資訊全部放進來，這本書會比一輛上頭疊了火車的公車還重！

很危險！

別這樣！

嗯！

不要把這本書拿給小嬰兒。小嬰兒會吃書。

不要讀到噁心的地方就吐。書中有很多噁心的地方。你很噁，我們也是。你的奶奶也是。身為人類，本來就很噁。

不要用這本書殺蟲蟲，蟲蟲也是有身體的。

就這樣！好好享受吧！別忘了，我們愛你呦。

明蒂姐姐和蓋伊哥哥

頭部

且讓我們從頭開始

眼

臉上的窗戶

鼻

超級鼻一鼻

哈啾！

耳

我是順風耳

口

人類頭上最大的一個洞

眼睛

臉上的窗戶

對看得見的人來說，眼睛是人體最重要的器官之一。
這些滑溜溜的乒乓球是幫你理解、詮釋周遭世界的主要
功臣，使用到超過 200 萬個會移動的部位，還有每天轉
動 10 萬次以上的眼睛肌肉！有了眼睛，你才能夠欣賞彩
虹的顏色、看見你愛的人臉上的微笑，甚至注意路上有
沒有狗大便。你的眼睛總是為你著想。謝謝你，眼睛！

眼睛究竟是怎麼運作的？

你有沒有發現，在黑暗中很難看到東西？你當然
有！可是，你知道為什麼嗎？（呃……）我們來告
訴你吧！這是因為眼睛要有光才能運作。當我們看
著一個東西，光線會從那個東西反射出來，也就是
反彈，然後進入眼睛。光線來到眼睛後方的視網膜
時，視網膜會把它轉變成大腦可以理解的訊號。

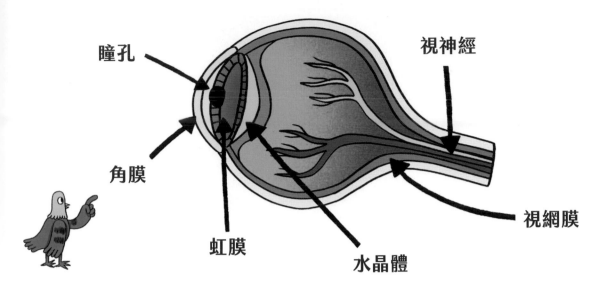

瞳孔

視神經

角膜

虹膜

水晶體

視網膜

眼睛團隊大集合

讓我們一起來認識眼睛的各個部位，了解它們是如何分工合作幫助你看見東西！

哈囉！我是虹膜，也就是眼睛裡有著美麗顏色的部位。我基本上全是由肌肉組成的喔！我也是個控制狂！我的工作非常重要，負責挑選允許經過咱們瞳孔進入水晶體的精確光線量。很簡單，我只要變大或縮小，光線就會屈服於我的意志。對了，我不想自吹自擂（好吧，我根本就是在自吹自擂！），不過正是因為我，你才能在不同光線強弱的環境下看見東西！如果外面陽光普照，我會變得很大，減少能進入的光線量；當你半夜起床上廁所，我會變得很小，打開門讓環境中的任何光進入。換句話說，我超忠心，日日夜夜守護著你！

虹膜

那個……嗨，我的名字叫角膜，我的職責是保護和服侍您。您可能根本沒注意到我，因為我只是個厚厚的透明保護層，負責保護眼睛不讓各種垃圾跑進來。如果您能保護我，不把垃圾戳進眼睛，那麼您大可放心我會永遠保護您。我說您，指的其實是您的眼球，就這樣而已。

角膜

嗨，嗨！我是瞳孔！我是眼睛中央的那個小黑點，你能想像沒有我，你的眼睛看起來是什麼樣子嗎？現在就試試看，想像一下！好，停止！是不是很詭異？我的工作是讓光線進來，然後擊中眼睛後方一個稱作視網膜的部位（視網膜，我在叫你！）。我跟視網膜就好比投影機和螢幕。像投影機一樣，光線通過我之後會聚焦在水晶體（下一個就會介紹到水晶體），接著被投影在視網膜上，就跟螢幕一樣！好了，水晶體，換你上場囉！

瞳孔

哈囉，我叫水晶體，正如瞳孔所說，我的工作是聚焦一切。我所說的「一切」，指的是光線。我就坐在虹膜後方（可是它根本不知道我的存在，因為我完全透明無色！），負責把光線聚焦在眼球後方，也就是視網膜。視網膜，該你囉！

水晶體

大家都叫我視網膜。我的每一天都充滿相反的事物，為什麼呢？因為你的眼球有曲線，看見任何東西到我這裡都會變得上下顛倒。雖然如此，我還是把收到的資訊透過視神經傳遞給大腦。幸好，大腦具備把影像翻轉回來的超能力，讓它能夠再次變回原樣。嘿，視神經！介紹一下自己吧！

視網膜

下就是上！

你好！我的名字是視神經，基本上我就是待在你的眼睛後方，負責把關於你看見的東西的訊息傳送到大腦。我不是什麼大咖，只是個傳訊息的。不過，當然囉，沒有我你永遠不可能看見東西！

視神經

眼屎

不是只有鼻屎！

早安眼屎

一小塊一小塊又黏又硬的眼屎是由黏液、油脂、滲出液和死掉的皮膚細胞所組成的，會聚集在眼角內側，讓你照鏡子時覺得超噁！醒著的時候，眼屎還來不及形成你就眨眼睛把它眨掉了，但是在睡覺不眨眼時，它就會偷偷入侵，等著早上跟你道早安！

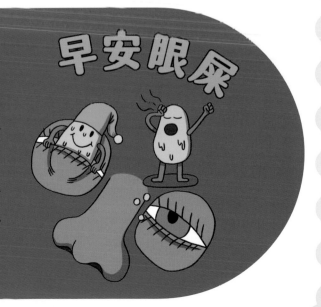

買一送一的眉毛

保證可以......

- 保護眼睛不受汗水和雨水騷擾！
- 幫你那可以看見東西的乒乓球遮擋毒辣的太陽！
- 防止塵土和碎屑打中眼球！

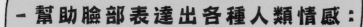

- 幫助臉部表達出各種人類情感：

開心！   訝異！   生氣！

現在有各式各樣的造型和大小！

眉毛：送自己一對人臉上最辛勤的毛髮吧！

有什麼妙？

★ 「瞳孔」這個詞藏了一個「童」字，會不會是因為我們在別人的瞳孔中看起來很小呢？！

★ 因為我們不是全身都被厚厚的毛髮覆蓋，所以我們毛茸茸的眉毛看起來會比其他動物的還要明顯許多。想像一下你家的寵物也有跟你一樣茂密的眉毛，例如……長了眉毛的魚？！別笑喔！！

★ 人類的眉毛大約有 250 根毛，但是從來沒修過眉毛的成人有可能超過 1,000 根！

眼瞼（你也可以說它是睫毛的展示架！）是人臉上的遮罩，不僅可透過黏液和油脂幫我們的眼球保持黏滑，在我們眨眼時讓眼睛重新聚焦，還像小小的雨刷一樣，能夠拭去所有不該出現在眼睛裡的灰塵和其他微型垃圾。

何不試試……？

眨呀眨呀眨呀眨！

設定一分鐘的定時器，然後數數看在這一分鐘內你會自然眨眼幾次。你很有可能會眨眼 15 到 20 次。在眼睛閉著的那十分之一秒，你會覺得自己漏掉什麼嗎？大概不會。為什麼呢？原來，大腦有一個神奇的能力，可以自動將眨眼前後看見的東西縫接起來，填補空白的那段時間！

眨呀眨呀眨呀眨！

我眨！

嘿，眼睛！這些是你漏掉的部分！

謝謝你，大腦！

看誰瞪得久！

一眨眼

要是舉行一場瞪人大賽，剛出生的寶寶肯定會得到世界冠軍。有些小嬰兒一分鐘只會眨眼一次！另一方面，成人卻很難一直睜著眼，平均一分鐘得眨眼多達 15 次。

妙妙實驗： 舉辦一場新生兒和大人之間的瞪眼大決鬥，將定時器設定為一分鐘，算算兩個對手眨眼的次數。你有沒有能耐挑戰勝利者？

卡滋豆知識

★ 鼻子和耳朵一輩子都會不斷生長，但眼睛則會一直跟出生的時候一樣，維持乒乓球的大小！（好吧，眼睛在 2 歲前其實會長個少少的幾毫米，但是之後基本上就不會再變大。）

★ 藍眼睛的人全都有一個共同的祖先！

★ 有些人會有兩排、甚至三排的睫毛！女演員伊莉莎白泰勒就是其中之一。

★ 虹膜異色的人擁有兩顆顏色不一樣的眼睛，或是擁有超過一種顏色的眼睛。這又是一個盯著別人虹膜看的理由之一！

★ 哭的時候之所以會一把鼻涕、一把眼淚，是因為淚水流到鼻子後方，跟鼻涕混合在一起了。

★ 因為眨眼的緣故，眼睛在我們醒著的時候有百分之十左右的時間是閉上的！

★ 多達百分之二十的人（從嬰兒到成人都有）可以睜眼睡覺！

★ 太空人在太空中是哭不出來的——至少他們哭的方式跟平常不同。由於沒有重力，淚水無法往下掉出眼睛，而是會形成眼睛裡面一顆顆的小水球，造成刺痛感。太空人克里斯・哈德菲爾德說，在太空流的淚是真的會很痛！

破紀錄的妙妙妙！

在 2007 年，**基姆 · 古德曼**把她的眼球「爆凸」超出眼窩 12 毫米，成為眼球凸出最多的金氏世界紀錄保持人。請勿在家自行嘗試。

一個賓果、兩個碗糕

運用你的眼球找出哪一個是事實，哪兩個完全是捏造出來的：

1. 如果沒有好好保護，眼睛可能被太陽晒傷。

2. 如果睜眼打噴嚏，眼球就會掉出來。

3. 十個人類當中有一個「眼睛會癢」。

解答
1. 真確
2. 什麼碗糕？
3. 什麼碗糕？

14

隨堂考：視力測驗

1. 世界上最常見的眼睛顏色是……

    (A) 藍色

    (B) 淡褐色

    (C) 深褐色

    (D) 兩眼不一樣顏色

2. 眼睛移植……

    (A) 很好玩

    (B) 很痛

    (C) 危險但很值得

    (D) 目前無法做到

爹地想要一副新的隱形眼鏡！

哪一種顏色？

答案

1. (C) 深褐色。世界上超過一半以上的人有深褐色的眼睛。

2. (D) 目前無法做到。醫生手術時無法接上視神經（連接眼睛和大腦的神經）的 100 萬條纖維，不過，有種移植是可以做到的。

15

超級鼻一鼻

鼻、喙、吻……你要怎麼叫都可以。鼻子有各式各樣的形狀和大小，但是它永遠長在同一個地方，發揮同樣的功能。鼻子不只是呼吸道高速公路的第一站，說到嗅覺、甚至味覺，鼻子也都參了一腳！

所以，我們是怎麼聞到味道的呢？東西要產生味道，就必須要有微小的粒子在你吸氣時四處飛揚。這些微小粒子叫做氣味分子，會在通過鼻子後，落在不同的氣味受器上。接著，這些氣味受器會傳遞高速訊號到大腦，告訴你你聞到了什麼。鼻子大約有 400 種不同的氣味受器。

在嗅覺系統中，味覺和嗅覺可說是天生一對。很多人或許會感謝舌頭讓我們感受到味道，但是若沒有鼻子在幕後辛苦的工作，這一切都不可能發生。

破紀錄的妙妙妙！

在 2010 年 3 月 18 日，土耳其人**梅罕默特・奧祖雷克**贏得金氏世界紀錄，成為鼻子最長的活人。他的鼻子從鼻樑到鼻尖的總長是 8.8 公分！

鼻子是這樣運作的：

步驟一：你在吃一支超大的冰淇淋甜筒。

步驟二：冰淇淋釋放出很小很小的化學物質，飄進你的鼻子。

步驟三：鼻子裡的小小嗅覺受器（也就是感測器）醒了過來。起床囉！

步驟四：鼻子裡的嗅覺感測器接觸到味蕾（即將進站的是，食物氣味！），創造出冰淇淋甜筒真正的味道。

步驟五：鼻子的嗅覺受器和口中的味蕾會一起傳遞訊息到大腦，告訴它：「嘿！你剛吃了冰淇淋！」

認識氣味受器

認識味蕾

即將進站的是，食物氣味！

嘿！你剛吃了冰淇淋！

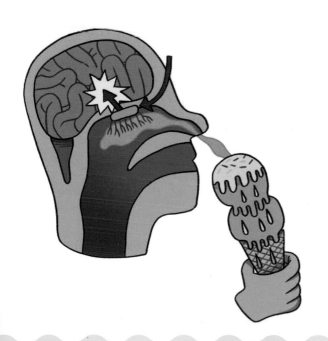

何不試試……？

咬一口食物，注意它嘗起來的味道如何。接著，再咬一口同樣的食物，但是這次請把鼻子捏住，關上鼻孔。有沒有什麼不同？

鼻孔

中隔

鼻腔

鼻子的各部位：

鼻孔——鼻子上跟手指一樣大的孔洞。（手指放得下，不代表你應該這麼做！）

中隔——中隔由硬骨和軟骨組成，是鼻孔之間小小的一道牆。

鼻腔——這跟牙齒的蛀洞不一樣，所以請不要把它切除。

樓下在做什麼啊？

卡滋豆知識

★ 鼻腔的地板是口腔的屋頂！

★ 鼻子永遠不會停止生長！

★ 剛出生的小嬰兒在 3、4 個月大之前，只能用鼻子呼吸。

★ 平均而言，男生的鼻子比女生長。

★ 紐西蘭的毛利人有一個習俗，會在打招呼時將鼻子貼在一起。

★ 鼻子每天都會製造約一公升的鼻涕，大部分都被你吞下去了！

鼻子裡為什麼有毛？

如果你曾經用鏡子觀察你的鼻子，可能會注意到鼻孔裡有很小很小的毛。這些毛不需要清洗或修剪（至少現在還不用），你也絕對無法給它綁辮子或者挽成小小的鼻毛髮髻。所以，這些毛有什麼用？！我們為什麼會有這些鼻毛呢？

鼻毛其實對健康蠻重要的。這些小小守門員日日夜夜保衛著你的鼻孔，隨時準備困住任何試圖入侵身體的灰塵、病毒、細菌和毒素。有時候，你會用打噴嚏或擤鼻子的方式把這些壞東西趕走；有時候，這些壞東西會聯合起來，變成……鼻屎！

鼻屎（又叫鼻腔黏液，這個名稱老實說念起來一點也不好玩）就是脫水的鼻涕。

鼻孔

為什麼我們要有兩個鼻孔，而不是只有一個？嗅聞東西是一項團隊運動。在任何一個時間點，總有一個鼻孔比另一個更辛勤，創造出流量一高一低的狀況。一個鼻孔嗅入空氣的速度會比另一個快，跟也在聞同一個東西的另一個鼻孔相比，更能捕捉到不同的氣味化學物質。

我可以吃鼻屎嗎？

不要緊！

別擔心！你每次嗅聞和吞嚥時都會吞下鼻腔黏液（鼻涕）。

變成鼻屎的黏液也可能含有消化後能強化免疫系統的細菌。

鼻屎含有對抗蛀牙的蛋白質。

一份1995年的小研究發現，有百分之九十一的成人會挖鼻屎。

「嗜黏液」是「吃鼻屎」的高級說法。

您想不想來一客嗜黏液菜單上新鮮現做的鼻屎堡？

不太好喔。

讓你那充滿細菌的手離鼻子遠一點！你可能刺激到鼻孔脆弱的內膜，造成流鼻血！

你有用顯微鏡觀察過鼻屎嗎？看起來就像充斥灰塵的黏稠小包子！你真的想把充斥灰塵的黏稠包子放進嘴裡？

如果你的手很髒，你也會把手指上那些噁心的東西也一起吃下去！

明蒂！！！

我是順風耳

現在，你大概已經知道那兩個掛在頭部兩側、長得像貝殼卻又被皮膚包覆的東西就叫做耳朵。耳朵分成 3 個主要部位，絕大部分其實位在頭部裡。這些部位會分工合作把聲音收集起來，接著傳遞到大腦。這就是我們聽見東西的方式。但是，還不僅如此！對於像我們這樣的哺乳動物，耳朵也能夠幫助身體保持平衡。少了耳朵，我們很可能出現動暈症，動不動就跌倒！

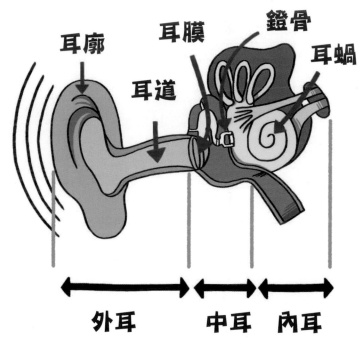

耳廓　耳膜　鐙骨　耳蝸

耳道

外耳　中耳　內耳

何不試試……？

畫一幅自畫像，把耳朵畫成玉米穗。

難以抗拒的 Earbnb 日租房間

有空調唷！

想要快速暫離日常生活？在找一個充滿寧靜聲音與內在平衡的地方耽溺？不用擔心，這個極其迷人、分成 3 個空間的 Earbnb 就是你在尋找的體驗！

配有集聲耳廓的外耳！你將會親眼看到，耳廓是由軟骨組成，覆有奢華柔軟的皮膚。（噢拉拉！）
除了耳廓，外耳還有一條 2.5 公分長的堅固隧道，會穿過中耳，通往耳膜。

外耳

氣氛佳！在這寬闊、充滿空氣的中耳腔，你可以體驗到舒心的聲波彈到最新科技的耳膜時所發出的振動！

中耳腔

內耳是一切神奇事物發生的地點。在這裡，你不僅會找到一種內在平衡的感覺，還能看見各式各樣牆對牆的振動被轉變為最即時的訊號，直送大腦（就像在寄送一張張的迷你隱形聽覺明信片！）

內耳

Earbnb

跟我們一起參觀私人耳屎工廠吧!

在我們開始之前,我應該說一下,耳屎的正式名稱其實是耳垢。

《ㄡㄟ — 垢。哈!聽起來好像一大坨戴著禮帽的高級耳屎!

最好把這寫下來。

絕對不可以在耳朵裡放一頂禮帽。

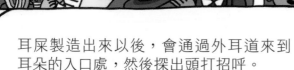

第一站,外耳道裡的皮膚。

瞇起眼睛,你就能看見這些小小的腺體。

這些腺體會產生耳屎。

耳屎製造出來以後,會通過外耳道來到耳朵的入口處,然後探出頭打招呼。

事實上,它不是自己掉出來,就是等你把它沖出來。

拜拜,耳屎!

我想,我們的導覽也告一段落了。

我們為什麼要有耳屎呢？

耳屎是防止塵土和細菌等透過耳朵入侵身體的第一道防線。根據每個人的狀況，耳屎可能是黏稠、乾燥或溼答答的，從淺黃色到暗橘色都有。耳屎有各式各樣的口味！

決戰全世界最多汁的耳屎，獲勝者是……**小孩**！小孩的耳屎比大人溼。

哇！

在 2007 年，印度馬杜賴的一位退休校長**安東尼‧維克多**是金氏世界紀錄耳毛最長的紀錄保持人。他的耳毛有多長？這位人稱「耳毛老師」的男子有一撮 18.1 公分長的毛從外耳中心長出來，幾乎跟一支鉛筆一樣長！如果你有這麼長的耳毛，你會怎麼替它做造型？

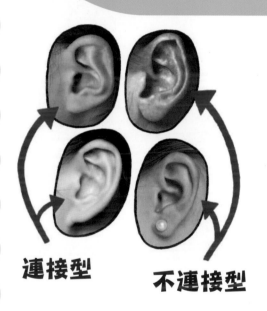

連接型　　**不連接型**

耳垂

人人都有耳垂，但耳垂連接的方式是由耳垂連接的那個人體內的數個基因決定！花點時間留意親朋好友的耳垂有什麼不同，是會晃動的？還是完全連在臉上？在你認識的人之中，哪種耳垂最常見？

卡滋豆知識

★ 我們遠古的人類祖先可以聽見的頻率可能比我們還高。

★ 你的聲音對你來說，比跟你說話的人所聽見的還要低。

★ 有些人的聽覺敏感到他們可以聽見自己的眼球在眼窩裡轉動的聲音！

★ 你的耳朵有沒有垂得很低？是不是會前後晃動？可以打一個結？可以打出蝴蝶結？答案是……嗯……總有一天？外耳就跟鼻子一樣是由軟骨組成，所以永遠不會停止生長！

有什麼妙？

據估計，有百分之十到二十的人可以扭動自己的耳朵！而且，在這些人當中，有些人還無法不扭耳朵，因為他們得了一種稱作耳動症的病。

我做不到！

妙訣竅

絕對不該放進耳朵的東西：玉米、電池、小魚，或任何比你的手肘還小的東西。不過，你可以瘋狂一下，把手肘放進耳朵。試試看！但是可別把手肘放進別人的耳朵，那樣很沒禮貌。

人類頭上最大的一個洞

嘴巴的定義是「位於人臉下半部的開口，被嘴唇所圍繞，食物從這裡進入，語言和其他聲音從這裡發出」。

哇！真是一大口不好吞的文字串。我們把它拆解一下吧。

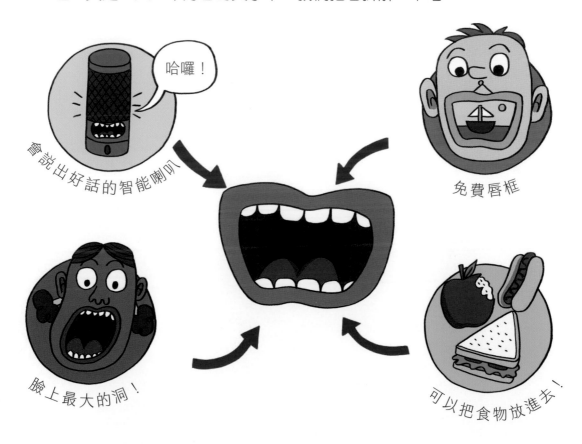

會說出好話的智能喇叭

哈囉！

免費唇框

臉上最大的洞！

可以把食物放進去！

這樣你心動了嗎？耶！讓我們向你介紹……嘴巴。

牙齒

啊，牙齒。嘴巴裡的白色小柵欄。牙齒協助我們微笑、說話，以及最重要的——咀嚼食物。我們人類很幸運，一生中會得到兩組完整的牙齒。

小孩一開始會有 20 顆乳齒。乳齒很小、很亮、很白，會在 6 個月大左右從牙齦冒出來，讓大人們通知親朋好友、轉告當地媒體、興奮開心尖叫。

不過，這些乳齒不會停留很久。等到我們 7、8 歲時，這些牙齒就會開始從我們的口中跳出來，騰出空間給新的一組牙齒砰砰砰的冒出牙齦。這些是你的成年恆牙，共 32 顆，比乳齒還大、還黃、還硬，而且不打算脫落。這些成年牙齒可以咬斷丁骨牛排、咀嚼一根特別難咬的蘆筍，或撕掉一件新襯衫的標籤（雖然那不是這些牙齒原本的功能）。讓我們花點時間認識我們的牙齒吧。張大嘴巴！

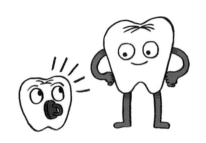

我很喜歡我的乳齒，我一定要失去它們嗎？

掉乳齒只是長大的另一個過程！我們還是小寶寶和小孩子時，嘴巴不夠大，容納不下 32 顆成人的牙齒，所以乳齒就像小小的占位者，等我們的嘴長得夠大，大個兒開始冒出來時，就會掉落。

那麼，為什麼我一定要有大人的牙齒？為什麼不可以永遠讓乳齒留在嘴裡就好？

為什麼？！
因為那樣的話，會
長得像這樣：

啊啊啊啊啊啊啊啊啊啊啊啊啊啊啊啊啊啊啊啊啊啊啊！

現在你懂了嗎？

啊啊啊啊啊啊啊啊啊啊啊啊啊啊啊
啊啊啊啊啊啊啊啊啊啊啊啊！

嘴巴裡有 3 種牙齒：門齒、犬齒和臼齒。每一種牙齒都有不同的工作要做，除非你是那種喜歡一邊在鏡子前吃東西、一邊張嘴咀嚼的人（嘿，這裡我們可不是在批評！），否則你可能跟這些牙齒生活在一起，卻從不知道它們每一餐都為你做了什麼。

門齒：這些就是嘴巴前排引人注目的那幾顆牙。它們底部光滑，但是也夠利，可以一口咬斷紅蘿蔔。你總共有 8 顆門齒！

犬齒：這些是長在角落的小利牙，它們很尖、很銳利，適合咬住食物，把食物撕成碎片。下次當你在吃一些煮過頭的雞肉或四季豆難咬的那一端時，留意你的犬齒。這 4 顆犬齒會讓食物知道誰才是老大！

臼齒：這些長在後方的牙齒看起來好像 3、4 顆牙長在一起。跟長在前排的漂亮美眉相比，這些臼齒可大了。此外，它們也很可靠，能夠幫助你咀嚼、壓碎、碾磨食物。沒有臼齒的話，吃東西感覺會超怪。要是你不相信我們，可以試試只用門齒和犬齒咀嚼蘋果看看。

大人很愛開的玩笑

噢，你丟了一顆牙齒是嗎？那你最好趕快去找！

牙齒看得見的部分叫做牙冠，而牙冠表面覆有一層閃亮亮的琺瑯質。琺瑯質大部分是由礦物質所組成，為人體全身上下最堅硬的物質。由於琺瑯質不含任何活細胞，身體無法再製造更多出來。因此，你最好要像對待王公貴族那樣好好對你的牙冠！

陛下，這是您的牙刷和牙膏。

那些牙醫常說的奇怪樂團名稱？

「乳齒萌出」

「免費試用牙膏」

「口腔乾燥」

有什麼妙？

★ 大部分哺乳動物（包括人類）一生中都會有 2 組牙齒，因此稱作「再出齒」動物。

★ 鱷魚一生中可以在同一個牙槽重新長牙 50 次。（鱷魚的口腔衛生很糟！）

★ 有些動物一生中可以不斷反覆掉牙和長牙，像是鯊魚、鱷魚、大象和袋鼠。因此，牠們稱作「多出齒」動物。

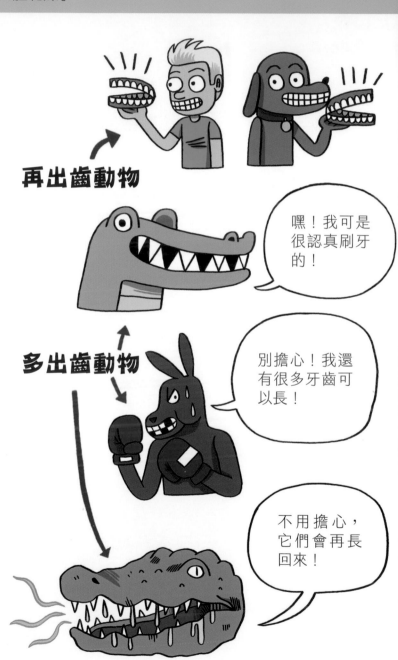

再出齒動物

嘿！我可是很認真刷牙的！

多出齒動物

別擔心！我還有很多牙齒可以長！

不用擔心，它們會再長回來！

蛀牙手作工坊

歡迎各位，今天我們要教你們怎麼製作自己的蛀牙。「蛀牙」指的其實就是「牙齒中不該出現且可能讓你痛不欲生的大洞」。

請別在家嘗試！

1 你需要的第一樣東西是一堆糖。

2 接著，你要用這個糖餵食口中的細菌。慢慢來……別太快……啊，全部丟卜去就對了！

你知道嗎？你的口中住了超過 300 種細菌，而且任何時候都有超過 10 億個細菌在裡面！這些細菌有的對我們很好，但那不是我們今天要用來製作蛀牙的細菌。

我們把糖餵給壞菌，將有助於細菌形成一種叫做牙菌斑的東西。牙菌斑就是牙齒上一層黏滑無色的汙垢。

過了一段時間，牙菌斑會硬化，永久定居在牙齒上，直到牙醫把它剔除。但不是今天！

3 今天，我們要等細菌把糖吃了，連帶吃掉保護牙齒的琺瑯質。

等待期間，我們只能靜靜的等……靜靜的等……而且別想刷牙。

NOM NOM NOM!

4 然後……叮！應該可以了。

我們來檢查一下那顆牙。我們在等待的時候，牙齒形成了一個又小又黑又黏的洞！

恭喜你，你完成了自己的蛀牙！

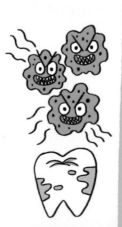

分享妙趣多

你下次逮到爺爺奶奶親親時，可以告訴他們，他們在傳播超過 8,000 萬個細菌給彼此。可能還會順帶把菠菜渣傳給對方。真噁！

卡滋豆知識

★ 就像指紋一樣，沒有兩顆牙齒是一模一樣的。

牙齦下方的牙齒

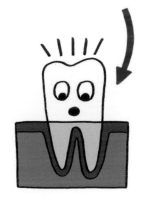

★ 每顆牙齒約有三分之一是長在牙齦下。好好照顧牙齦，牙齦就會好好照顧你的牙齒。

★ 身體一生中會製造大約 26,280 公升的口水，一年足以裝滿兩個浴缸！有人想泡口水澡嗎？

噁心死了！

舌頭

舌頭是口中一個充滿肌肉的器官，可以幫助我們咀嚼、吞嚥、品嘗和說話。（舌頭，謝啦！）大部分的舌頭長約 7.6 公分，覆有薄薄一層溼潤的粉紅色組織（黏膜）和小小的突起物（乳突），當然還有味蕾。

捲舌

塔可餅舌

塔可餅舌至少一部分是跟基因遺傳有關，如果你的父母有其中一人會捲這種舌，你有很高的機率也會。自己試試看吧。

幸運草舌

幸運草舌被認為是最困難的捲舌形式，可以將舌頭摺出多個彎折，形成幸運草的造型。

轉舌

將舌頭整個扭轉成側立著的困難捲舌法。

「端湯上塔，塔滑湯灑，湯燙塔。」
這句繞口令是不是念了舌頭都要打結了？

有什麼妙？

★ 全世界只有百分之十的人可以用舌頭碰到鼻子！你是其中一個嗎？

★ 西藏人伸舌頭跟人打招呼已經有數百年的歷史了。

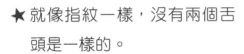

★ 就像指紋一樣，沒有兩個舌頭是一樣的。

破紀錄的妙妙妙！

印度孟買的 **阿西許‧培里** 是第一個、也是唯一一個一分鐘內用舌頭碰鼻子最多下的世界紀錄保持人。他在 60 秒內碰了鼻了 142 下！

英國的 **湯瑪斯‧布萊克史東** 曾經用舌頭舉起 10.9 公斤重的東西，打破用舌頭舉起最重物體的紀錄。

藍鯨 是地球上最大的動物，同時擁有世界上最大的舌頭，重達 2,500 公斤，跟一頭大象一樣重！

味蕾

味蕾啊，真是我們的好兄弟，總是陪我們度過各種酸甜苦辣的日子。無論是生日蛋糕、炸薯條、檸檬糖或洋蔥圈，味蕾總會現身幫我們判定我們對自己吃下的食物有什麼感覺。

所以，味蕾究竟是什麼？找一面鏡子，然後把舌頭吐出來。有看到那些小突起嗎？它們叫做乳突。這些乳突大部分都含有微小的味蕾，而味蕾則被更微小的毛髮「微絨毛」所覆蓋。這些小到不行的毛髮就像你的私人郵寄服務，負責把訊息傳遞到大腦，告訴你東西嘗起來的味道如何。

味覺分類

甜味大部分是由一種你可能不熟悉的東西引起的，那就是一般被叫做糖的物質。（什麼？你有聽過？！）糖在水果、楓糖漿、蜂蜜、巧克力蛋糕、糖果或甚至是烤豆子等各種食物當中都找得到。

糖躲到哪裡去了？

其實，糖存在的地方似乎比我們以為的還多：麵包、沙拉醬、烤肉醬、花生醬和義大利麵醬常常都有糖鬼鬼祟祟的躲著。

何不試試……？

檢查冰箱和櫥櫃裡的食物標示，尋找糖可能在哪些意想不到的地方躲藏。

酸味是由酸所引起。你可能會在檸檬、醋和酸菜等發酵食品中認出這些嘗起來酸酸的物質。但，酸味像什麼？我們可以告訴你，但是我們更想直接秀給你看。試著一邊看著鏡中的自己，一邊舔一口酸酸的水果，像是檸檬。如果那個味道讓你嘴巴皺起來、眼睛瞇起來，你就會知道自己經歷了貨真價實的酸味。

何不試試……？

給自己一個酸味食物大挑戰：品嘗二種不同的酸味食物，試著不要做出很酸的表情。

苦味有一個強烈的刺激感，需要花一點時間適應。沒煮過的羽衣甘藍、抱子甘藍和純的巧克力或可可等都是超苦的食物。我們在靠近舌後的位置會比較強烈的感受到苦味。科學家相信，我們的祖先會利用這個特點避開苦澀的植物，因為這些食物可能有毒或腐敗了。今天，人類有時還是會有把嘗起來特別苦的東西吐出來的衝動。

不放棄！

鹹味嘗起來……就像鹽巴一樣！這種味道來自一個稱作氯化鈉的化學物質。（請將氯化鈉遞給我！）

鮮味是一種在許多亞洲食物中都找得到的鮮甜味道。海帶、醬油和大白菜等食物都有這種味道。其他例子包括醃肉、臭乳酪、香菇和高湯。在日文裡，鮮味的意思是「令人愉悅的鮮甜滋味」。

好辣！

「辣味」其實不是一種味道。事實上，身體偵測到辣椒很辣的方式，就跟它偵測到熱可可很燙的方式一樣。

　辣椒等很辣的食物充滿一種很小很小的分子，叫做辣椒素。嘴唇、嘴巴和舌頭的疼痛受器會被辣椒素欺騙，將很燙的訊號傳到大腦。

（指揮中心，請注意：看樣子我們即將要被辣一頓了。）

運作方式如下：

步驟一：你在不知情的狀況下毫不畏懼的咬了一口辣椒。

步驟二：嘴唇、嘴巴和舌頭的疼痛受器全都被藏在辣椒裡的辣椒素「問候」。

步驟三：疼痛受器傳遞緊急訊號給大腦，通知它：「我們被辣了一頓！」

步驟四：身體的其他部位出動救兵，使用各種丟臉的方式要讓你冷卻下來，包括爆汗、流鼻水、眼睛變得淚汪汪。在極端的例子中，可能三種都來！

你有超級味覺者的能力嗎？

你是品嚐味道時比朋友感受強烈許多的人類嗎？你會覺得甜點太甜、青菜太苦，難以下嚥嗎？你會很容易覺得辣嗎？

假如這三個問題你都回答「是」，那你可能是……超級味覺者！超級味覺者擁有的味蕾比一般人多，大腦會發生一些連科學家至今也無法完全理解的事情。

佛羅里達大學的琳達 · 巴托舒克在 1990 年代研究一個稱作味盲的現象時，意外發現了超級味覺者的存在。一個人若感覺不出特定的味道，便是味盲。巴托舒克原本是想比較味盲的人品嚐苦味時是否跟一般人一樣強烈，卻發現她的實驗裡有三分之一的人品嚐到的苦味比其他人強烈許多。

超級味覺者

寶寶身體部位

雖然你當小寶寶已經是好多年以前的事了，你的身體卻仍充斥著新生命。就讓我們向你介紹身體裡最新加入的成員吧。這些部位總是不斷在更新。

☆ 黏膜

綽號：胃的襯裡

年齡：5 天

個人資料：已經知道如何消化食物

☆ 味蕾

年齡：10 天

個人資料：可幫助你體驗食物的味道，擅長感覺甜、鹹、酸、苦和鮮味。

⭐ 表皮

綽號：皮膚細胞（上層的部分）

年齡：2 週

個人資料：有點瘋癲。只會再停留 2 週左右。很容易被取代。

⭐ 睫毛

年齡：2 個月

個人資料：一出生就準備好讓危險遠離你的眼睛。塵土粒子沒有機會對抗這些愛眨眼的寶寶。壽命蠻短的，但你幾乎不會注意到它們消失。

⭐ 紅血球

年齡：4 個月

個人資料：在你的血液裡繁殖旺盛。雖是很小的細胞，卻是很大的幫手！隨時準備輸送氧氣，帶走其他細胞的垃圾。

大腦

建構思想的身體部位！

大腦

建構思想的身體部位！

大腦是整個人體的指揮中心，就像長在頭骨內的虛擬電腦，負責指揮每一個動作、每一個想法、每一段記憶、每一種情感，就連你在睡覺時也一樣！它非常強大、強勢、如海綿般軟韌，是你全身上下最複雜的器官。

　　大腦裡有數十億個小小的神經細胞，叫做神經元，就像信差一樣會在大腦和身體其他部位之間來回傳遞訊息。大腦分成兩個半球，或者可以說是「兩邊」，裡面的構造相當複雜，但是大致上，就是每一邊負責控制一半的身體。不過（這個很重要！），右邊的大腦控制的是左邊的身體，左邊的大腦控制的是右邊的身體。我們來參觀一下吧！

感官混亂

有些人會出現一種稱作聯覺的狀況。例如，他們的嗅覺會同時啟動另一種感官，像是視覺。因此，出現聯覺的人可能聽見色彩、嘗到形狀或碰到聲音。哇！這首歌嘗起來像雞肉！

大腦地圖

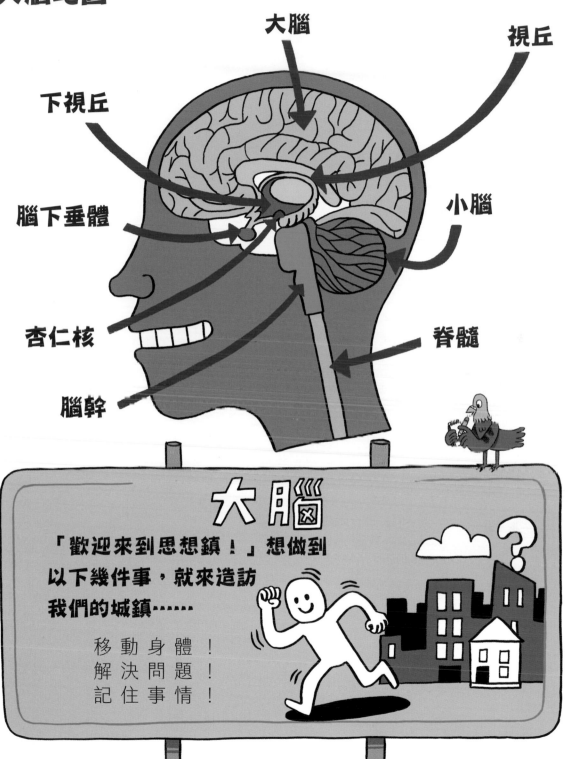

大腦

視丘

下視丘

腦下垂體

小腦

杏仁核

脊髓

腦幹

大腦

「歡迎來到思想鎮!」想做到
以下幾件事,就來造訪
我們的城鎮⋯⋯

移動身體!
解決問題!
記住事情!

視丘
感官城市！

造訪我們，就能滿足所有奔放的情緒需求，
我們會從你的五官接收和處理訊息。

下視丘

快快來溫度鎮！

想要控制體溫？那你來對地方了。
我們能讓你發抖流汗，使身體保持在舒適的 37℃！

吃喝拉撒睡

我們會追蹤你所有的飲食和睡眠需求。
趕快造訪我們，獲取專屬通知！

腦下垂體

跟豌豆一樣小的
豌豆腦社區！

想要長大，就來找我們！
如果你曾住過這裡，你現在一定很**大**隻！

什麼？

它雖然跟豌豆一樣小，卻能幫助
身體成長。

小腦

大腦的小屁屁

想要找到以下這些東西，
就來造訪我們：

內在平衡
協調
順暢的動作

沒有人這樣稱呼小腦。

我就會！

腦幹

讓身體 365 天活著！

如果你喜歡以下這些活動，
可以來找我們……

呼吸
消化食物
擁有心跳

我們的每一條街道都通往傳說中的
脊髓，信差會在那裡等候，
將數以百萬計在大腦和身體其他
部位之間往返傳遞的訊息加以分類。

脊髓

⚡ 有信喔！ ⚡

我們是你的私人郵遞系統，在大腦和身體之間
傳遞訊息的速度比你舔郵票的速度還快。

杏仁核

我們有很多情感！

27 種人類情感任君挑選，包括……

開心
難過
害怕
生氣
驚訝
厭惡

感受呀，
蓋伊！
情緒！

情感？什麼是情感？

功能運作完全正常的大腦需要團隊的合作

我的名字是**額葉**，基本上負責所有複雜的思考過程，像是計畫、想像、決策和解決問題。

呃，是的……我是**頂葉**，可以幫助你感覺到觸碰、疼痛和壓力等等。如果你就要被一片很燙的披薩燙到嘴巴，我也會挺身而出。但，你有哪一次聽我的話？！問問你的嘴巴！

嗨，我是**枕葉**，大家都說我很有眼力，主要是因為我負責處理光線，幫助你看東西。

有人叫我嗎？我是**顳葉**，負責處理進入耳朵的每一個聲音和每一個字句。我很擅長幫你找回記憶。

我是**小腦**，沒有我，你就會跌倒。我負責協助細微的動作和平衡。

卡滋豆知識

★ 成人的大腦平均重 1.4 公斤，相當於：

一袋洋蔥 **一雙靴子** **一個雙片烤吐司機**

（想像一下，這些重 1.4 公斤的東西如果取代你的大腦，你的頭會是什麼模樣？）

★ 新生兒的大腦每天會成長百分之一，直到他 3 個月大為止。

★ 跟其他體型差不多大的哺乳動物相比，人腦比牠們的腦大上 3 倍。

★ 等到你 9 歲時，你的大腦已經長成大人大腦的百分之九十五，但你還是不准開車，這是怎麼回事？！

★ 大腦雖然只占了體重的百分之二，卻會用掉每日供給熱量的百分之二十。一天收發數十億則訊息所花費的能量就是這麼多！

★ 大腦可以儲存多達 100 萬個小時電視節目的資訊！

★ 人腦跟整個網際網路一樣大！雖然大腦擁有儲存整個網路的空間，但是它儲存資訊和記憶的速度很有限。

啊，又是一個令人滿意的神經連結。

★ 大腦的神經連結至少是銀河裡星星的 1,000 倍。當一個神經元（神經細胞）傳遞電子訊息給另一個神經元時，就會形成神經連結。有時候，神經連結會從身體的一處傳到遙遠的另一處。

★ 傳到大腦的疼痛訊號傳遞速度可以高達時速 435 公里，比開在高速公路上的汽車快 4 倍！

★ 大腦一直都很活躍，就連你睡覺時也在消耗能量。休息時，大腦會整理你的經歷、想法和記憶，這樣之後需要的時候就可以輕易取用！你有像你的大腦一樣愛整齊嗎？

★ 一個 2015 年的研究顯示，超級馬拉松跑者在 4,500 公里的競賽中，大腦會萎縮百分之六。好消息是，他們的大腦在 6 個月後就會完全恢復正常的大小。

★ 把大腦所有的皺摺攤平，會變得跟一個小枕頭套一樣大。請勿在家嘗試！

肚臍

幫幫我！我按了肚臍，可是沒有任何事發生！

很好！看來妳的肚臍做了它該做的事，那就是什麼也不會做！

蛤？

肚臍只是一個疤而已，是臍帶原本長出來的地方。

我以為我是無線的咧！

妳現在雖然沒有臍帶，但是當妳在親生母親的子宮內成長時，臍帶是她將氧氣和營養從她的身體送到妳身體的方式。

噢，謝啦，媽媽！那我有回送她什麼東西嗎？

當然囉！妳把生長中身體不需要的一切廢物丟給了她。

謝啦，媽媽！

←營養進來

營養出去→

她怎麼處理呢？

她基本上把那些東西都拉出來了。

什麼？！

其實沒有聽起來這麼噁心啦，她根本無法區分妳的廢物和她的廢物有什麼不同。

吁！所以我的臍帶後來怎麼了？

妳出生後，臍帶基本上就自己脫落了，因為妳的身體不再需要它。

我媽有把它留著嗎？

這妳就要問她了。

媽！！妳是怎麼處理我的臍帶的？！

我想接下來就不關我的事了。

由裡到外

皮膚

不讓裡面的東西跑出來！

汗水

噢！那是什麼味道？

指甲

搞定囉！

頭髮

長短不一！

皮膚

不讓裡面的東西跑出來！

皮膚（也就是你的生日套裝）是全身上下最大的器官，就跟一個新生兒差不多重（3.6 公斤）。假如一個大人把自己的生日套裝脫下來攤平（好噁！），面積大約會是 2 平方公尺，可占滿半張乒乓球桌。（大人們：別在家嘗試！也別在朋友家或任何地方做這種事。）

皮膚的顏色怎麼來的？

你的膚色是由皮膚裡黑色素的多寡決定的。黑色素是一種天然色素，會影響每個人眼睛、頭髮和皮膚的顏色。體內的黑色素越多，膚色就會越深；體內的黑色素越少，膚色就會越淺。

雀斑和痣會出現在皮膚裡黑色素特別多的地方。新生兒沒有雀斑，因為他們接觸太陽的時間還不夠久，雀斑無法形成。

誠徵皮膚

你有能耐保護內在不受外在世界的傷害嗎？

- 你能防止內部的體液留得到處都是嗎？

- 你常常被形容為「堅強」但「很有彈性」嗎？

- 你願意對抗疾病和細菌的入侵嗎？把廢物帶出去？

- 工作沒有報酬可以接受嗎？

- 很熱的時候保持冷靜，很冷的時候保持溫熱？

假如這些問題你都給了肯定的回答，那麼人體很需要你！

必須 24 小時全年無休，週末和節日都沒有時間放假。

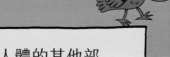

備註：必須能與他人合作良好。這裡的他人是指人體的其他部門，包括但不限於消化、循環和神經系統。

 ★ **請上門應徵！** ★

就像三層蛋糕或三層沾醬一樣，皮膚也是由三個層次所組成。但，跟蛋糕或沾醬不一樣，它吃起來並不美味。如果不相信我們，你可以舔舔自己的手肘，然後再跟我們說。

表皮

真皮

下皮

皮膚的上層稱作表皮，是防水的，也是我們看得見的唯一一層。膚色就是在表皮被製造出來的。

表皮底下那一層叫做真皮，毛髮和汗水就是從這裡冒出體外的。

第三層，也就是最深的一層，叫做下皮，或稱皮下組織。這層大部分是由脂肪和組織構成，可保護、墊厚肌肉和骨頭，同時讓它們跟皮膚相連。除此之外，下皮還能貯存能量，幫助體溫維持穩定。

卡滋豆知識

★ 皮膚好比內臟的雨衣，是完全防水的！你就算站在雨中、跳進大海或踩到水窪，水也沒辦法滲進去。不過，你還是會淋溼！

跟新的一樣！

★ 在月曆上記下來：下個月的這個時候，你將擁有全新的一層皮膚，因為皮膚是長得最快的器官。

★ 沒有皮膚，我們真的會從人間蒸發。

★ 身體一直不斷有皮膚細胞剝落，若把一年份死掉的皮膚細胞全部保存起來，將會累積約 4 公斤重的死皮！

好噁！

★ 死掉的皮膚細胞每天可餵飽 100 萬隻塵蟎。塵蟎嘴巴長得像迷你筷子，牠們會像在吃超級迷你的洋芋片一樣吃這些富含蛋白質的皮膚碎片！如果死掉的皮膚細胞有分口味，你的會是什麼味道？

好吃，好吃！

★ 全身上下最厚的皮膚在腳掌，最薄的皮膚在眼皮。現在，想像一下這兩個部位交換皮膚。不要在吃東西的時候想像！不要在別人吃東西時把這一段大聲唸出來！

皮紀錄的妙妙妙！

嘔！

在 1999 年，英國的 **蓋瑞 · 特納** 創下全世界皮膚最有彈性的金氏世界紀錄。他的皮膚有彈性到可以用脖子的皮膚蓋住整個下顎。

凸塊

青春痘！（又叫面皰、丘疹、膿疱、粉刺）

那是什麼？青春痘是在你 12 到 17 歲之間開始出現在皮膚表面的小凸塊。它們通常不會停留很久，但卻常常帶朋友來，把你的臉變成青春痘派對。

青春痘是什麼做的？你可以想像青春痘是種在毛細孔（皮膚上的小洞）的東西。這些毛細孔中，混合了油脂、死掉的皮膚細胞和細菌（肚子餓了嗎？），但這並不是一件壞事。可是，假如油脂的部分過多──青少年常會這樣，那些油脂、死掉的皮膚和細菌就會一起塞住毛細孔，浮出表面，在不知不覺中綻放成青春痘！

痣！

那是什麼？痣是黑色素細胞累積後產生的結果，會以斑點、記號或凸塊的形式長在皮膚上。你一生中肯定會在身上發現幾顆痣，大部分是在你還是個孩子或青少年時首次登場。痣有的平坦、有的突起、有的平滑、有的凹凸不平，還有的甚至會長毛。雖然大部分的痣都是絕對正常的，有一些卻可能使你生病。要防止不怎麼正常的痣冒出來，就別讓皮膚晒到太陽。

疣！

那是什麼？疣是一種又小又硬的灰褐色腫塊，會因為病毒的關係而長在皮膚上。有時，疣看起來就像布滿黑色小點的花椰菜。

要怎麼把疣趕走？疣通常會自己離開，但有時這得等上好多個月，甚至好多年。如果疣會痛或純粹讓人覺得很討厭，你跟你家的大人或許應該去看看醫生。大部分的小兒科醫師都有除疣的超能力。（對了碰到蟾蜍是不會得到疣的。）

溼疹！（又叫皮膚炎）

那是什麼？溼疹是皮膚對環境中某些過敏原特別敏感時，從皮膚上冒出來的又紅又癢、凹凸不平、容易剝落的一塊區域。寵物皮屑、灰塵、肥皂、汗水、刺癢的衣服和特定食物都會造成皮膚「起肖」，長出溼疹。溼疹似乎跟遺傳有關，也就是通常會由上一代傳給下一代，但是朋友跟朋友之間不會互傳。

胎記！

那是什麼？胎記是長在皮膚上或皮膚下的一種有顏色的記號，是由於多餘的色素產生細胞或血管決定隨心所欲做自己想做的事所導致的結果。它們雖然叫做「胎記」，卻有可能在寶寶誕生之前或之後出現。許多胎記會隨著年紀增長淡去，但有些卻會在大小或顏色方面變得更明顯。胎記沒有一模一樣的，所以如果你有胎記，就把它想成是你的註冊商標吧！這是你的身體讓你與眾不同的另一種方式。

擦傷、疤痕、結痂、瘀青，還有那個會流出東西的玩意是什麼？

磨傷！（但是大部分人都叫我「擦傷」）

最愛出沒的地點：你通常可以在一塊跟人行道之類的東西意外相見的柔軟皮膚上找到我。

喜歡：膝蓋、手肘、腳掌和手掌。

我喜歡的對待方式：我很好應付的，只要用一些肥皂和水把我洗乾淨，我就不會給你帶來麻煩。

疤痕！

關於我：我是一個普通的記號，喜歡在皮膚出現燒傷、潰瘍或撕裂傷後冒出來。我超忠心，無論甘苦都會始終在你身邊。

我在找：一個可以待上好幾個月、好幾年、甚至一輩子（如果條件適合的話）的身體。

長處：受傷後幫助皮膚修護；我也很會幫助開啟話匣子。

結痂！

關於我：我來自一個關係非常緊密的血小板家庭。每當有擦傷或割傷出現，我們就會衝去現場，像膠水一樣合力形成一個保護繃帶，讓體內的東西繼續待在它們該待的地方。

外觀：如果你碰見野生的我，從紅褐色的不規則硬殼外表就能認出我。請不要用我粗獷的外表評斷我；我的內在可是非常好的。

最愛語錄：「摳我！摳我！」

瘀青！（也可以說瘀血、瘀傷）

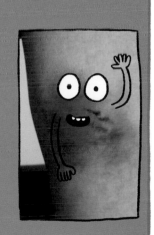

喜歡：創傷和激烈情緒起伏！

會存在都要感謝：在我誕生之前爆炸的那些微血管。因為它們，我才有這些美麗的顏色。

有時候我覺得：被困在……皮膚底下。

我希望別人知道：我不需要 OK 繃！

該不該摳？

長在你身上嗎？

是 ／ 否

會流血嗎？

有別人在旁邊嗎？
是 ／ 否

你真的很想摳？

否 ／ 是

會痛嗎？ ／ 流很多血？

卡卡的嗎？

安全起見

你的老師同意嗎？

否 ／ 是

否 ／ 是

是 ／ 否

是 ／ 否

否 ／ 是

不！別摳！

呃……

否 ／ 是

是！

你只是很無聊？

是鼻屎嗎？

好！摣吧！

是

否

否

汗水
超酷！

噢！那是什麼味道？

噢，你覺得那個味道很臭？那麼，準備好聽我們告訴你這個味道是怎麼來的吧！有些人可能會把這件事怪到汗水身上，但是有趣的是，汗水本身對我們人類來說其實是無味的，也就是說我們完全聞不到汗味！事實上，從腋下飄散出來的那股異味有部分是某一群特定微生物引起的。這些飢餓的微生物會吃下小塊小塊的汗水分子，留下會發出臭味的更小的部分。

好吃！

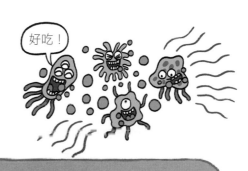

呃……我不是在說我自己。我還小，我的腋下聞起來沒什麼。我是在說我十幾歲的哥哥。

當然，你的腋下現在聞起來沒什麼。小孩的腋下之所以不會臭，純粹是因為他們的身體還沒製造出足夠的會變成體味的那種汗水。反之，青少年則忙著製造一種全新的汗水，由頂漿腺分泌。他們製造出來的量可多了。這些汗水對想解饞的飢餓微生物來說，就像又濃又油的吃到飽自助餐，因此它們會吃了又吃，留下臭氣沖天的小小汗水分子！

這裡有大餐！

所以小孩完全不會臭囉？你可以跟我奶奶說嗎？

等等。你的腋下聞起來雖然不像炎炎夏日裹滿起司的玉米片，你的身體仍會產生另一種會臭的汗水。

到底有幾種汗水啊？！

我們等一下就會談到。所有年紀的人都有產生一種由外分泌汗腺分泌的汗水。外分泌汗腺的功用是要幫忙控制體溫，尤其是在身體開始變熱的時候。這種汗水比較稀薄，有時會讓衣服聞起來有霉味。

真噁心。

是的，但這也是身體讓我們健健康康活著的許多招數之一。

健康又噁心。

沒錯，健康又噁心。

一切都是為了科學！

為了收集汗水，有些研究員會要受試者在巨大的塑膠袋裡運動！

給我各種汗水！

肉汗：吃完特別多肉的一餐後可能出現的強烈冒汗現象。

★ 雖然這不是真正的醫學名詞，有一些科學研究確實支持了肉汗的理論。這是因為，肉類——特別是紅肉——需要身體的許多能量和熱才能消化或分解。正是能量和熱的結合，導致身體出汗。

★ 哪裡找得到野生的肉汗：吃熱狗大賽。

冷汗：在極度緊張的時刻（尤其是害怕失敗時）突然大量冒出的汗。

★ 哪裡找得到野生的冷汗：鋼琴獨奏、學校公演、成績單日。

滿頭大汗：這些是你跑來跑去時會流下的汗，超級鹹，會刺痛你的眼球。當你喝的水比攝取的鹽分還多時，通常就會流滿頭大汗。有些人的汗比別人的汗還鹹。你的汗有多鹹？

指甲

搞定囉！

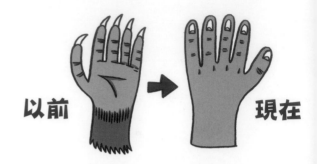

以前 → 現在

每一個指尖和趾尖都有一個小小的保護盾牌，叫做指甲。雖然我們還不確定為什麼我們會有指甲，有些科學家認為，指甲是從我們老祖先的爪子演化而來的。手指甲和腳指甲都是由一種堅硬又有彈性的物質所組成，稱作角蛋白，跟形成頭髮、皮膚上層、甚至是馬蹄的物質一樣。

指甲每天長十分之一毫米。

小孩的指甲成長的速度是青少年和成人的2倍。要是不相信我們，你可以跟家人比比看一個星期誰長的指甲比較長就知道了！

指甲在夏季和白天長得比較快。

右撇子？左撇子？慣用手的指甲長得最快。

指甲跟馬蹄一樣堅硬。

破紀錄的妙妙妙！

印度浦那的 **施里德哈爾 · 奇拉爾** 曾經 66 年沒剪指甲，但是在 2018 年 82 歲時，他覺得是時候要剪了。他把指甲一個一個剪掉，加起來總共長達 909.6 公分，幾乎是保齡球道的一半！不僅如此！奇拉爾現在是單手指甲最長的金氏世界紀錄保持人！

我該咬掉它們嗎？

哇！

一片指甲剝落需要 3 到 6 個月才會長回來。

大約有半數的孩童和青少年會咬指甲。

指甲將我們這些靈長類動物跟其他長有爪子的哺乳動物區別開來。

在所有的指甲中，大拇指的指甲長得最慢。

手指甲生長速度是腳指甲的 3 倍。

頭髮

長短不一！

大部分的溫血陸地動物都有毛能保暖，人類卻只能自力更生。我們幾乎全身都有毛髮覆蓋，但這些毛髮大部分都非常細，與其說是毛，不如說是絨毛。我們赤裸的皮膚很懂得幫助身體保持涼爽，但是在較冷的氣候中，我們就需要厚重的衣物才能暖呼呼的。

今日的頭髮，明日的往事

平均而言，人類擁有超過 10 萬根頭髮讓我們的大頭保持暖和。要是不相信我們，你可以數數看！每一根頭髮會持續生長 2 到 6 年。之後，頭髮會暫停生長，最後自行掉落。每天約有 100 根頭髮會掉下來！為什麼我們不會注意到有這麼多頭髮掉了？因為不斷會有全新的頭髮從同一個毛囊冒出來。把你的頭想成一座繁忙的機場，一直有飛機起飛和降落就對了！

毛囊工廠

歡迎光臨毛囊工廠，我們製造頭髮，因為我們在乎！

在毛囊工廠，每一根頭髮都會分到一個又深又窄的小洞——沒錯，這些洞就稱作毛囊。
我們有大號的毛囊、小號的毛囊，各種形狀大小任君挑選，或是可以選擇收到驚喜！

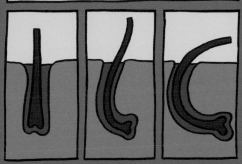

毛囊形狀

圓毛囊　半橢圓毛囊　扁橢圓毛囊

來聽聽我們滿意的客戶有什麼話要說！

我選了一包圓毛囊，因為那時候在特價。現在，我的頭看起來像是長滿了筆直的青草！

選擇半橢圓毛囊！波浪大捲髮沒在怕！

想要超酷的捲捲毛，我大推扁橢圓毛囊！

客戶要注意，頭髮每天會掉落 100 根左右，但是更換新髮是免費的！

兩種毛髮

你有沒有想過，手臂、指關節和耳垂上的毛髮為什麼不像頭髮一樣長？那是因為這些是完全不一樣種類的毛髮。事實上，人體有兩種主要的毛髮：柔毛和終毛。

柔毛（又可稱作水蜜桃絨毛）是覆蓋大部分身體的又軟又細的毛髮，比較常出現在女性和小孩身上。這種毛輕盈到幾乎是透明的，遠遠的很難看見。柔毛在起雞皮疙瘩的時候會立正站好。

柔毛

雞皮疙瘩

水蜜桃的絨毛

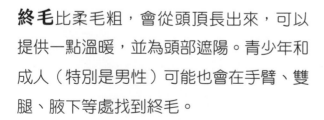

終毛

終毛比柔毛粗，會從頭頂長出來，可以提供一點溫暖，並為頭部遮陽。青少年和成人（特別是男性）可能也會在手臂、雙腿、腋下等處找到終毛。

哪裡找不到毛髮

這些都是**無毛皮膚**的例子，沒有毛囊存在，但是有厚厚的軟墊。

掌心

嘴唇

足底

這些地方就連狼人也不會長毛！

你(可能)不需要的身體部位

現在，你應該已經知道你的身體是一個很妙的人體機器。這是一個由錯綜複雜的部位組成的柔嫩、溼軟、有時還很黏稠的工廠，同心協力幫助你健健康康活著。但，你有沒有想過那些什麼也沒做的部位要幹嘛？就讓我們看看人體中（看似）最沒用的部位有哪些吧！

闌尾

我們看到你了，闌尾，你這個垂在腹部右下方、長 10 公分的的小細管。一直到今日，科學家還是不確定你的功用是什麼。有一個理論說，你是某些「好」菌喜歡逗留的地方，有助預防感染，但我們仍然無法確定。所以，闌尾，我們井水不犯河水，好嗎？

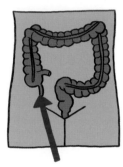

闌尾

尾骨

噢，尾骨，你就坐在脊椎末端那個好像是尾巴的位置。但，你是真正的尾巴嗎？不是！你只是我們的祖先以前還有尾巴時遺留下來的小骨頭。真的能有一條尾巴雖然蠻酷的，但是穿褲子會有點挑戰。

尾骨

好消息！我決定給自己一條尾巴！

我不覺得妳能那樣做。

當然可以！我們的祖先有尾巴，為什麼我不能？

首先，人類一旦演化成用兩條腿走路後，就不再需要靠尾巴保持平衡了。

噢，我不是為了保持平衡，只是想當裝飾品。

第二，我們的祖先沒有穿褲子。

想一想，我還是別要有尾巴好了。

智齒

親愛的智齒，很抱歉，你得離開。沒錯，我們的祖先在啃樹葉、樹根和生肉時，你很有用，但是時代已經改變了，我們現在吃的東西比較軟，像是冰淇淋、棉花糖和大亨堡。不要難過，但我們該分開了。智齒，謝謝你的付出，但是你的任務已經完成了。

扁桃腺

親愛的扁桃腺，你一直陪在我身邊，出面阻擋細菌通過我的喉嚨、成為免疫系統團隊的好成員。可是，

扁桃腺

你的智齒
不能幫你做到的事：

- 給你一個「厲害的口才」
- 幫助學業進步
- 讓你考試順利
- 藏有開竅的祕密
- 告訴你對錯；
  你得靠自己，老兄！

你老是發炎。每當你發炎，我就會生病。每當我生病，我就得吃冰。我很愛吃冰！但是冰有任務要完成時（像是舒緩腫痛的喉嚨），就不是那麼好吃了。扁桃腺，如果這種事一直發生，我們就得分開了。這意思是，我會把你從我的喉嚨切除。

77

怎麼移動

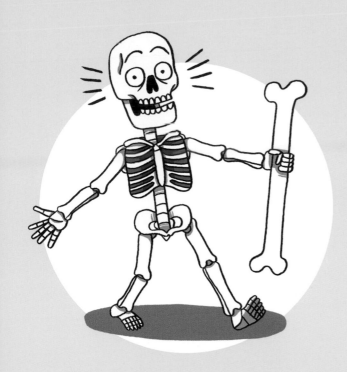

骨頭

你的體內住了
一個骷髏！

肌肉

把身體變成跟暴龍
一樣霸氣！

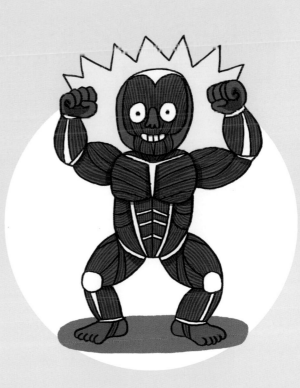

骨頭

你的體內住了一個骷髏！

呃……我們不是想嚇你，但是，呃……你的體內住了一個貨真價實的骷髏！

明蒂姐姐和蓋伊哥哥

啊啊啊啊啊！！！

你

冷靜！你需要它！它不僅讓你的身體有形狀和架構，還能保護所有的內臟器官和身體系統。少了它，你就只是一大團皮膚和內臟而已。

呼～這樣說也對。

另外，這些骨頭是活的。

啊啊啊啊啊啊啊啊！我的體內有一個活的骷髏？！

是的！它跟身體的其他部位一樣是活生生的，不斷在生長變化。如果骨頭沒有在生長，你現在看起來還是跟小貝比一樣。

你們為什麼要這樣嚇我？！

說到小貝比，你知道你在出生那天擁有 300 根骨頭嗎？等到你長大成人後，只會剩下 206 根。

什麼？！為什麼我的骨頭會消失？！

它們也不是真的消失啦，有些骨頭會融合在一起，也就是長成同一個。

那……是好事？

那是很自然的事。我們所有人成長的過程都會發生。

吁～鬆了口氣。我真的希望有一天能見見這個骷髏。

那你要等很久很久了。

骨頭名人堂

骨頭雖然能夠在你的一生中承受很重的力量，但是如果承受了比它們所能應付的重量還大的壓力，偶爾也是會斷裂的。這可能會突然發生（從樹上掉下來）或在長時間累積之後發生（爬太多樹）。

最脆弱

 冠軍：人體第一容易斷裂的骨頭是鎖骨。你有兩根鎖骨，負責把肩胛骨跟胸骨連接在一起。鎖骨也是體內唯一一種水平躺著的骨頭。

最容易斷掉的骨頭

鎖骨

 亞軍：淚骨。淚骨雖然不常斷掉，卻是人體最脆弱的骨頭之一。你有兩根淚骨，每個眼窩中間各一根。

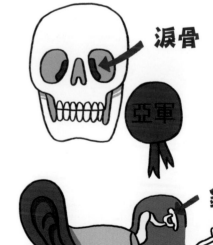

淚骨

亞軍

鐙骨

 季軍：鐙骨。鐙骨是位於中耳內馬鐙形狀的小骨頭，雖然超級脆弱，但是很難從外面找到。所以，如果你能把鐙骨弄斷的話，可得好好解釋一番了。

鐙骨也是人體中最小的骨頭。

最強壯的骨頭

★ 人體最強壯骨頭的得獎者是……

股骨！股骨也是身體裡最長的骨頭，位於大腿。它很難斷掉。所以請不要嘗試，好嗎？

石膏

石膏不只是用來蒐集簽名和得到關注的

使用石膏和夾板其實是為了讓斷掉的骨頭保持不動，這樣才能正確修復。這需要時間與耐心，但結果一定值得。

卡滋豆知識

骨頭：再踢再打也不會爛！

★ 身體的每一根骨頭都有跟另一根骨頭相連，唯一的例外是喉嚨裡馬鞍形狀的舌骨。

★ 有些骨頭可以承受你的體重 2 到 3 倍的力道！

★ 每 200 人當中就有一人多出一根肋骨！大部分的人擁有 24 根肋骨，一邊 12 根。

★ 身體裡的骨頭有超過半數（206 根當中的 106 根）長在手和腳上！

如何照顧你的骷髏

組成你的骷髏的那些骨頭是要用一輩子的，但是隨著時間過去，它們會開始失去力量。以下是保養骷髏、好讓它能繼續支撐你的一些方法：

餵你的骷髏吃東西： 骷髏看起來雖然骨瘦如柴，但你可以給它吃一些富含鈣質和維他命 D 的食物，使它保持強健。骷髏喜歡綠花椰、羽衣甘藍、鮭魚、鮪魚、乳酪、優格、蛋和杏仁醬等食物。

帶你的骷髏去散步： 骷髏需要運動。把目標設定為一天做一個小時的負重運動，像是走路、跑步、跳躍或攀爬。這類運動會使肌肉和重力一起施壓給骨頭，而壓力可以強化骨頭，幫助骨頭生長。

跟你的骷髏說說話：雖然科學並未證實這有幫助，但是早上起床後謝謝你的骷髏所做的一切也無傷大雅。謝啦，小骷！

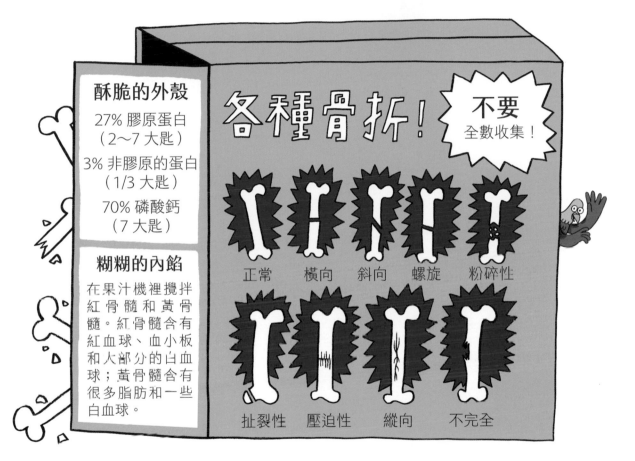

酥脆的外殼

27% 膠原蛋白
（2～7 大匙）

3% 非膠原的蛋白
（1/3 大匙）

70% 磷酸鈣
（7 大匙）

糊糊的內餡

在果汁機裡攪拌紅骨髓和黃骨髓。紅骨髓含有紅血球、血小板和大部分的白血球；黃骨髓含有很多脂肪和一些白血球。

各種骨折！

不要
全數收集！

正常　橫向　斜向　螺旋　粉碎性

扯裂性　壓迫性　縱向　不完全

骨折之戰

骨折雖然非常痛，但好消息是，骨頭有能力重新長出來，自我修復。

肌肉

把身體變成跟暴龍一樣霸氣！

想到肌肉，我們常會想到奧運選手、專業舞者，或是把校車整輛舉起來、讓裡面的幼稚園小孩不受到傷害的超級英雄老奶奶。但是，你知道你自己也有一些很強大的肌肉嗎？事實上，身體的每一個動作都是由肌肉系統組成，並由大腦控制。從耳朵裡小到不行的鐙骨肌，到屁股上那塊巨大的臀大肌，每一塊肌肉都有義務讓你的身體移動、保持直立。

肌肉物質

肌肉是由一種稱作肌纖維的長細胞所構成。肌肉會運用身體的能量，藉由收縮的方式將身體各部位往不同的方向拉扯。當你早上起床或刷牙時，就會發生這些事，但有些你想也沒想過的動作也是如此，像是眨眼或心臟跳動。

　　我們來認識一下 3 種不同的肌肉類型吧。

骨骼肌：我基本上是出現在手臂和腿部等地方。你的骨頭和皮膚說我很黏人，因為我確實是這樣！事實上，沒有我，你的骨頭連動都不能動！我會收縮、變短，用一切方法把骨頭從一個地方移動到另一個地方。但，我無法完全靠自己做到這件事。我是一種隨意肌，也就是我必須聽你的指令行動。我就像神燈裡的精靈，會替你實現願望。

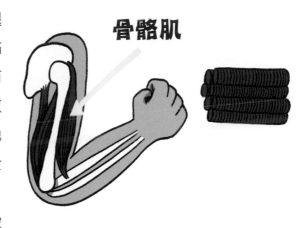

骨骼肌

平滑肌：跟骨骼肌不一樣，我通常是在幕後工作。我是由一層層的平坦肌肉堆疊在一起組成的，負責貼滿消化系統的壁面、協助打開氣管、控制膀胱等。（不客氣！）我做事很穩，每天 24 小時全年無休自動工作，不用等人告訴我該做什麼，不管你想不想要，我都會替你工作！為什麼？因為我的任務就是讓你的身體正常運作，我會持續盡我的全力，永遠不讓你失望。

平滑肌

心肌：我位於一切的核心，掌握了生死大局。是的，我構成了心臟的壁面。跟其他肌肉不同，我永遠永遠不會累。我每日都會不停擴張收縮一整天，讓你的心臟跟著生命的節奏跳動。

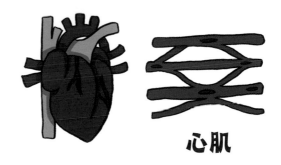

心肌

有什麼妙？

★ 肌肉的英文「muscle」來自拉丁文的「老鼠」，因為古羅馬人認為在皮膚底下動來動去的肌肉看起來像跑來跑去的老鼠。

★ 成人的體重有百分之三十到四十是肌肉。

★ 你的體內有超過 600 條骨骼肌。

★ 眼睛肌肉一天會動超過 10 萬次。

★ 身體 500 萬根毛髮的每一根都有自己的肌肉。

★ 體內的骨骼肌數量是骨頭的 3 倍。

歡迎觀賞瘋肌肉，我們要將肌肉之最展示給您。

今天，我們要頒獎給人體中最強壯、最長、最大和最小的肌肉！

我們的第一個得獎者來了，它可以施展比身體其他肌肉都還要大的力量，堪稱是最強壯的肌肉。讓我們給下腿部的比目魚肌掌聲鼓勵鼓勵！

再來，我們要介紹長過整條大腿的那條又細又長的骨骼肌。給人體最長的肌肉縫匠肌拍拍手！

別懷疑，身體上最大的肌肉就在屁股！這塊肌肉很適合拿來開玩笑，並能在你坐著的時候幫你站起來。它就是——臀大肌！

頒獎給最大的肌肉，可不能不頒給最小的肌肉。請容我們向您介紹人體最小的肌肉，它位於耳朵，只有一毫米長。熱烈掌聲歡迎鐙骨肌！

啊啊啊！好小呀！

今天就頒到這裡了，WOW 迷們。謝謝你們觀賞本週的瘋肌肉！

腋下？ 它們有自己的名字！腋下的正式名稱為腋窩，你可以使用這個名稱嚇嚇醫生和朋友。

你生病了嗎？問腋下就知道！

腋下雖然不會說話（如果會說話，請諮詢你的醫生），卻能告訴你你健不健康。每一個腋下都有一堆小小的淋巴結，而淋巴結就像長在皮膚表面下方的小豆袋，負責過濾、趕走可能讓你生病的壞菌。大部分的時候，你是看不見也摸不到淋巴結的，但是如果你摸得到，很有

可能是因為淋巴結腫起來了。淋巴結腫大是腋下在告訴你：「你被感染了！」腋下是全身上下最溫暖的部位之一。不相信的話，可以塞幾片吐司在腋下，看看需要多久時間加熱。腋下是你的個人吐司溫熱機！

你可以用腋下做什麼事：

★ 擠破水球

★ 加熱甜甜圈

★ 熏走整座電梯的人

★ 夾住紙本書

★ 透露祕密訊息（嗨！）

★ 藏核桃

你不能用腋下做什麼事：

★ 搔自己癢

為什麼不能搔自己的癢？

你有沒有試過搔自己癢？做不到，對吧？劍橋大學的科學家認為這跟小腦有關，因為大腦的這個部位會預期不同的事物感覺起來如何，而當你搔自己癢的時候，小腦早就知道會發生什麼事，因此不會有特別的感覺。但要是別人搔你的癢呢？它會覺得：「這是哪裡來的啊？！」簡單來說，有些科學家認為，你不可能搔自己癢的原因是，你沒辦法自己嚇自己！

加油打氣
順流而下

心臟

愛你呦！

血液

在身體裡的時候
就沒那麼噁心

肺部

【不只是】一對打氣筒

泌尿系統

尿尿力！

愛你呦！

如果說大腦是身體的指揮中心,那麼位於胸部中央的心臟就是驅動大腦的引擎。在你還沒出生前,這個獨特又強大的肌肉就已經在不眠不休的工作,之後也會持續在你生命中的每一刻為你跳動,從不休息。在平均壽命期間,心臟總共會跳動 25 億次,相當於每日 10 萬下!

何不試試……給我動次一下!

如何以每分鐘心跳次數為單位計算靜止心率:將其中一隻手的食指和中指輕輕放在另一隻手的手腕上,大約是大姆指根部下方。感覺到跳動時,數一數 15 秒的時間內脈搏跳動了幾下,然後乘以 4,答案就是你每分鐘的心跳次數!

新生兒　每分鐘心跳 120～160 次

小孩　每分鐘心跳 70～120 次

訓練有素的運動員　每分鐘心跳 40～160 次

成人　每分鐘心跳 60～100 次

不過，每次心臟跳動一下時，究竟發生了什麼事啊？

血呀，蓋伊。

血？

每次跳動，心臟都是在將血液輸送到身體其他地方，使用的是被稱作動脈、靜脈和微血管的複雜血管高速公路系統。

到處都有的血唷！人人都有的血唷！想不想要一些免費的血？

啊⋯⋯而且血液裡有氧氣、二氧化碳、營養，甚至熱量，對吧？

一點也沒錯！這些東西全都會搭血液噗噗的便車。

早安，肌肉！限時專送來囉！

撲—通—：那是什麼聲音？

閉上眼睛，把心臟想成一個蘋果形狀、裝滿血液的小小放屁坐墊。在這個坐墊上有 4 個小小的活板門，叫做「瓣膜」。這些小門開開關關，允許血液流入身體，發出醫生用聽診器所能聽到的「撲—通」聲。所以，下次如果你有機會湊近聽見那個聲音，請想像你的心臟正在為你一人跳動！噢！

撲—通—

親愛的，告訴我，你心裡有什麼？

嗯，在左上方和右上方各有一個小空間，叫做心房……

噢，我的意思不是——

不，我是說，什麼東西會讓妳的心好像漏一拍似的？

然後呢，在心房下方有一個較大的空間，叫做心室……

噢，是血，很多很多血！一次一整杯的血，1 分鐘打出 70 次左右。

好吧，那——

這些血會從心房流到心室，再流出心臟，到達肺部和身體的其他地方。這樣有回答你的問題嗎？

不！！

卡滋豆知識

★ 新生兒的心臟大約跟乒乓球一樣大；小朋友的心臟跟他們的拳頭差不多大；成人的心臟通常比他們的拳頭大，不過每個人都不太一樣。

★ 心臟是受到電子信號所驅動。

★ 成年男性的心臟平均重約 340 克，跟一罐濃湯一樣重！

★ 在 2017 年，科羅拉多大學的研究員發現，兩個相愛的人手牽手時，他們的心跳會開始同步！

★ 心臟每天製造的能量足以讓一輛卡車跑 32 公里！

★ 平均而言，心臟一天跳動 10 萬次，打出 7,570 公升的血液到身體各處！

打飽氣！

血液

在身體裡的時候就沒那麼噁心

血液是一個很忙碌的輸送系統,努力工作讓你健健康康活著。它能做到這點,是靠輸送氧氣、燃料和打擊細菌的細胞到全身各處,同時協助丟棄不需要的垃圾。就像把血打出來的心臟一樣,血液無時無刻都在不停工作,從不罷工。真是一輛忙碌的血液噗噗!

好的,血球細胞們,開始幹活囉!我需要你們把其中一些二氧化碳送到肺部,然後將這些水送到腎臟。

另外,看看你們能不能去趕走入侵膀胱的惱人感染源。

你知道血液裡有什麼嗎？我們來認識血球細胞和血小板吧！

紅血球

隸屬團隊： 著名的紅血球

知名事蹟： 輸送氧氣到細胞，移除二氧化碳。

軼聞趣事： 紅血球會呈現鮮紅色，是因為它們常常到肺部載氧氣。

壽命： 4 個月

什麼？！只有 4 個月？！

沒關係！骨頭每天都在製造紅血球取代死掉的紅血球。死掉的紅血球，願你們安息，RIP。

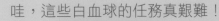
哇，這些白血球的任務真艱難！

隸屬團隊：白血球武士團

知名事蹟：對抗感染，保衛身體不受壞菌和病毒等入侵者傷害。

軼聞趣事：血液裡的白血球雖然比紅血球少得多，但是當你生病時，身體就會製造更多出來。當細菌想讓你生病時，有一群小小武士會奮勇作戰，讓你保持健康。

壽命：幾個小時到幾年

白血球

是啊，不過可別對它們產生感情。況且，新的白血球每天都在誕生。

血小板

隸屬團隊：血塊，也就是血小板

知名事蹟：血管破裂時，會團結起來像急救人員一樣把滲漏處補起來；控制血液，不讓血液在體內外陷入混亂。

壽命：10 天

讓我猜，血小板也會每天誕生新的？

答對了！就在骨頭裡。

卡滋豆知識

★ 你的身體裡約有 5.7 公升的血液。

★ 新生兒的體內只有一杯血。

★ 體內最小的血管比一根頭髮的粗細
還小 3 倍。

★ 體內的血液每天移動
19,000 公里，等於在紐
約和洛杉磯之間飛行來
回 4 次的距離！

★ 血液約占體重的百分之八。

★ 一顆血球細胞一天會經過心臟繞行
全身 1,000 次。

★ 身體每秒鐘會製造兩百萬個新的紅
血球來遞補死掉的紅血球。

請勿在家嘗試的實驗

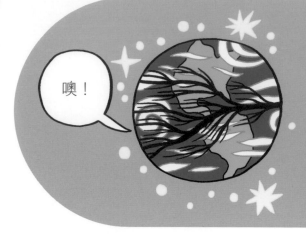

噢！

環遊世界的血液

你知道嗎？如果把成人體內的血管接成一條線，長度會超過 161,000 公里，足以繞行地球將近 4 次！

好，遊戲規則是這樣的：心臟！聽好了！每跳動一下，你就將血液輸送到全身！

動脈看起來通常是紅色的，負責將血液帶離心臟。

血液！你一旦被放出心臟，就要趕快將氧氣輸送到體內的每一個細胞！不准漏掉任何一處！我不要看到哪隻手腳睡著了，聽見沒？

其實，那是一個常見的迷思……四肢睡著是因為神經受到壓迫，不是因為缺血。

還有一件事，任務完成後，馬上回到心臟。

靜脈看起來通常是藍色的，負責將血液帶回心臟。

肺部！等到血液回到心臟，我要把它們送到你那裡載更多氧氣，這樣我們就可以在這個人剩餘的一生不斷重複這個週期！了解？很好！現在開始幹活！

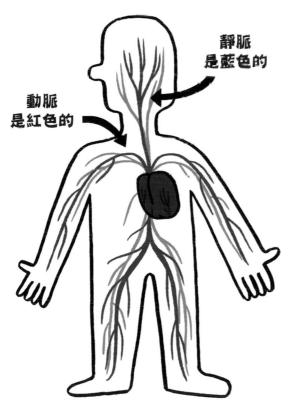

動脈
是紅色的

靜脈
是藍色的

肺部

【不只是】一對打氣筒

在你的胸腔裡，有兩個稱作肺部的大袋子。委婉的說，這兩個袋子還挺重要的。沒有肺部，你就無法呼吸、說話、哭泣、尖叫、唱歌，甚至打嗝！每一天的每一秒，肺部都在交換氣體幫助你存活。肺部替你吸入不可或缺的氧氣，讓氧氣進入血流，同時排出身體不需要的二氧化碳。由於這個循環如此重要，所以肺部擁有自己的骨架專門用來保護它們，就像為一對高級打氣筒客製的內建盔甲。

感受肺部的力量

把一隻手放在胸部上，深吸一口氣。有沒有注意到你的胸部擴張變大了？現在，吐出那口氣，看著胸部回到正常的大小。那就是肺部的力量啦！

明蒂訪問她的肺

明蒂：肺，你們人生的目的是什麼？

肺：我們會說，我們致力將氧氣帶進身體、把血液中的廢氣排出。

明蒂：很好，謝謝。不過……呃……你們總是像這樣齊聲說話嗎？

肺：我們做什麼事都是一起。

明蒂：你們是雙胞胎嗎？

右肺：不太算。左肺其實比我小。

左肺：那是因為我要跟妳的心臟共享空間！

明蒂：知道了，知道了！左肺，你要跟心臟共享我一部分的胸腔，所以你比較小一點，那也沒什麼。

左肺：我們就別再提大小了。

明蒂：好的，那麼對於從來沒有見過你們本人的人來說，你們會怎麼描述自己？

右肺：從外表看，我們是粉紅色的，溼軟有彈性。

左肺：但是在裡面，我們看起來就像粉紅色的花椰菜。

明蒂：什麼？！

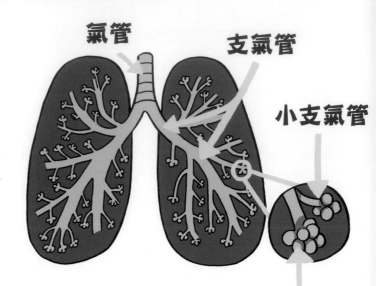

氣管

支氣管

小支氣管

肺泡

右肺：我們裡面充滿了這些像花椰菜的小樹，叫做小支氣管。每一根小支氣管都是從更大根的支氣管長出來的，而支氣管則是由氣管分岔出來。

明蒂：噢對了，氣管就是在喉嚨和肺部之間傳輸空氣的那根管子，對吧？

右肺：是的。當你吸氣時，氧氣會進入氣管，接著往外分支到每一根支氣管，再通過所有的小支氣管，最後來到肺泡。

明蒂：你是說肥皂泡？

左肺：不是。

右肺：每一根小支氣管的末端都連接了一串很小很小的氣囊，叫做肺泡（ㄈㄟ丶，ㄆㄠ丶）。肺泡被一層超薄的血管網覆蓋，那些血管稱作為微血管。

左肺：每次你吸氣時，這6億顆肺泡就會充滿氣體，肺部就會變大！

右肺： 正是因為這些肺泡，空氣中的氧氣才能進入血液、通過心臟，再次回到身體的其他地方。

明蒂： 哇！肺泡，謝謝你們！不過，我吐氣時會發生什麼事呢？

左肺： 這個嘛，會發生同樣的事情，只是順序顛倒！

右肺： 吐氣時，二氧化碳會離開血液，通過微血管和肺泡，進入氣管，準備被吐出去！

明蒂： 交換氣體，使用一堆奇異的稱呼！

肺： 沒錯，這就是我們！

肺部的數字遊戲

★ 18～30 次：6 到 12 歲的孩子平均一分鐘吸氣的次數。

★ 超過 7,570 公升：一般成人一天吸吐的空氣量。

★ 2,400 公里：肺部中所有的空氣通到（支氣管和小支氣管）一根一根接在一起的總長度。

★ 6 億：兩個肺裡所有肺泡的加總數目，足以覆蓋整座網球場！不要嘗試喔！

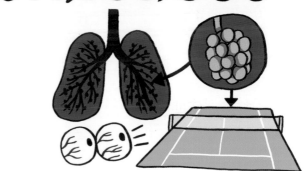

★ 超過 5 億：活到 80 歲的人一生中吸氣的次數。

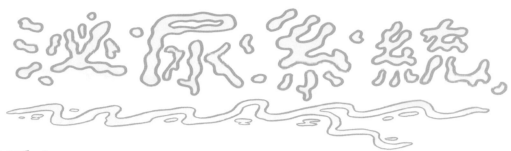

泌尿系統

尿尿力！

小便又稱作尿，它不只是跟廁所有關的詞或者身體在你看電影時打斷你的方式，也是身體倒垃圾的辦法。小便是我們排出不需要的水分、無法吸收的營養和不想要的廢物的方法。請把你的泌尿系統看作身體的看門警衛之一，偶爾慰勞一下。（有人說到小便派對嗎？！）

泌尿系統由 4 大部位組成，我們來認識一下吧！

腎臟：「我們抓住血液裡的廢物，然後製造出小便。」

輸尿管：「我們是小便通道！是一對連接腎臟和膀胱的管子。」

膀胱：「我是裝尿尿的大袋子！」

尿道：「前往小便城的最後一班車。下一站：馬桶村！」

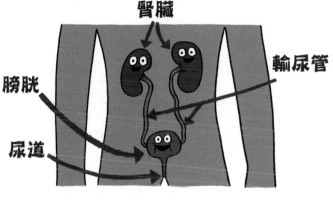

尿道在說什麼呀？

喔⋯⋯

它的意思是，你的小便是從這根管子尿出來的。

腎臟

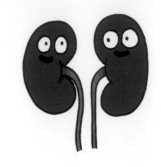

在消化過程中，身體會從你吃下的食物裡拿走許多好的營養，同時也會創造一些廢物。這時候，腎臟就會出動，把所有身體不能吸收的廢物和多餘的養分帶走，將其中一些變成小便。這是身體倒垃圾的方式。

找不到腎臟在哪裡？那應該是件好事，表示腎臟就待在它們應該待的地方，也就是你的身體裡。其實，腎臟是位於背部，在肋骨後方。要找到你的腎臟，請把雙手叉腰，然後往上移，直到你碰到肋骨。這時，大拇指的位置大概就是腎臟居住的地點。

腎臟長得像兩顆巨大的腰豆，每一顆大約長 13 公分、寬 8 公分，跟成人的拳頭差不多。你至少需要一顆腎臟才能存活，但是為了以防萬一，你擁有兩顆。腎臟的工作太重要了，身體決定給我們一個備用的！

腎臟是所謂「兩側對稱」的好例子。我們的身體常常會在特定部位一次長出兩個器官，兩個幾乎一模一樣，出現在身體的兩側：兩顆眼睛、兩個耳朵、兩隻手、兩隻腳、兩個腎臟。身體的左右兩邊就像在照鏡子。想像一下，要是上下兩邊也是這樣的話呢？兩顆頭？兩個肚子？兩個屁股？！

膀胱

膀胱好比葡萄柚大小的小便袋，可以貯存大約 1.5 到 2 杯（350 到 475 毫升）的液體。一旦裝到半滿的時候，它就會讓你知道。

蘆筍高手

在 1791 年，班傑明·富蘭克林寫下了這番話，證實自己是個真正的蘆筍高手：「吃下幾根蘆筍莖，尿液就會產生異味。」什麼？他可能不是吃過蘆筍後聞自己尿的第一個人類，卻是第一個用非常公開且詩意的方式撰寫這件事的人。真是了不起啊，班傑明·富蘭克林！

所以，吃完蘆筍後小便為什麼會臭臭的？科學家雖然不能確定是什麼讓我們的小便聞起來像蘆筍，但是有一個廣為學界認同的假說（也就是根據所學做出的猜測）認為，臭味是蘆筍在消化分解的過程中產生的。

在 2016 年，哈佛大學的一個科學家團隊招募了將近 7,000 名志願者吃下一堆蘆筍，然後聞自己的尿！他們發現，只有百分之四十的人聞得出臭味！原來，聞出這個特殊氣味的能力可能跟基因有關。也就是說，這是由一代傳給下一代的。我們好像嗅到一個家庭科學實驗即將展開？

> 小便會臭？我的可不會！

> 別說得這麼早！每個人在吃完蘆筍後小便聞起來都會像蘆筍，但是（這個但是很重要）不是每個人都聞得出那個臭味！

嘿，蓋伊，
有什麼比噁心還要噁心？

妳收集的二手 OK 繃？

蓋伊，古羅馬人會用尿刷牙，因為他們認為這樣做會有更白更亮的笑容！

妳不會想嘗試吧？

什麼？！沒有！根本沒有科學證據支持這點。

那麼，妳知道什麼比噁心還要噁心嗎？

那邊那隻往地寶寶嘴裡嘔吐的鳥？

明蒂，美軍教戰手冊建議，在求生情況下不要喝尿，因為尿液很鹹，可能會讓你的狀況更糟。

什麼？！軍隊還得特別要求士兵不要喝自己的尿？

為了求生啊！我想，他們只是想做好準備。

卡滋豆知識

★ 人們一天平均要小便 6 到 7 次。（你上次算小便次數是什麼時候？）

★ 人們年紀越大，常會尿得越多。（有事情可以期待是很好的！）

★ 對大部分的人來說，健康的小便會持續 8 到 34 秒。（下次計時看看！）

我又想上了！

小便的顏色代表什麼？

小便完、沖水前，請花點時間觀察你最新的產物。不管你相不相信，小便的顏色其實可以告訴你關於你整體健康的兩三事。在這一頁放個書籤，做為上廁所的輕鬆讀物或把這個表當作指南。

清澈： ➡ 你在補水這方面是個成就非凡的人，可能需要少喝點水，讓你的小便變成淡黃色。

淡黃： ➡ 假如童話故事中的金髮姑娘看見你的馬桶，她一定會說這一個「剛～剛～好！」你補水補得很恰當，擊掌！

深黃： ➡ 你的小便看起來是不是很像蜂蜜？不應該這樣喔，趕快給自己倒杯水，讓身體自行發揮作用。

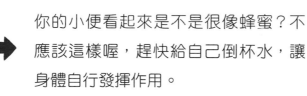

金髮姑娘
與三個馬桶

身體部位 頒獎典禮

歡迎來到典禮現場，跟我們一起頒獎給人體最大、最小、最短和力氣最大的部位！

首先登場的是皮膚！

看看那皮膚神氣活現的樣子！

今晚，皮膚將會**榮獲人體最大器官的獎項！**

皮膚是穿在人體外面的器官，成人的皮膚重約 3.5 公斤、面積約 2 平方公尺！

它披在人類身上多麼好看呀！

不僅如此，蓋伊！沒有皮膚，我們會直接人間蒸發！給皮膚掌聲鼓勵鼓勵！

117

消化系統

把食物變成便便！

消化
溜下消化溜滑梯吧

糞便
關於便便的
內線消息

排氣檢驗站
自賣自誇

消化

溜下消化溜滑梯吧

有進必定有出——出來的是便便！但是，食物究竟經歷了什麼瘋狂的旅程，怎麼會以完全無法辨認的樣子重新出現在身體的另一頭呢？我們來聊聊消化這個耗時 24 個小時以上將食物變成人體燃料的過程。

身體把你吃下肚的食物用來做為能量和燃料之前，必須先經過分解。這件事完成後，身體便能吸收所有的養分，讓自己充飽一天所需的「電力」。

如何消化食物

步驟一：那是什麼味道？食物還沒進到嘴巴之前，消化作用可能就開始了。你只需要某個觸發你嗅覺的東西，讓你開始分泌唾液，像是剛烤好的餅乾、電影院的爆米花、滴落在烤箱底部滋滋作響的起司。什麼東西會讓你流口水呢？

步驟二：開動囉！咬一口食物，咀嚼成碎片。把它撕得碎碎的！（但是請不要張開嘴，因為沒有人想看那裡面發生了什麼事！）口水會讓每一口食物裹上滑溜的外層，變得容易吞嚥。同時，一種稱作澱粉酶的酵素會在碳水化合物和糖還沒有到達胃部之前，就開始在口中將之分解。

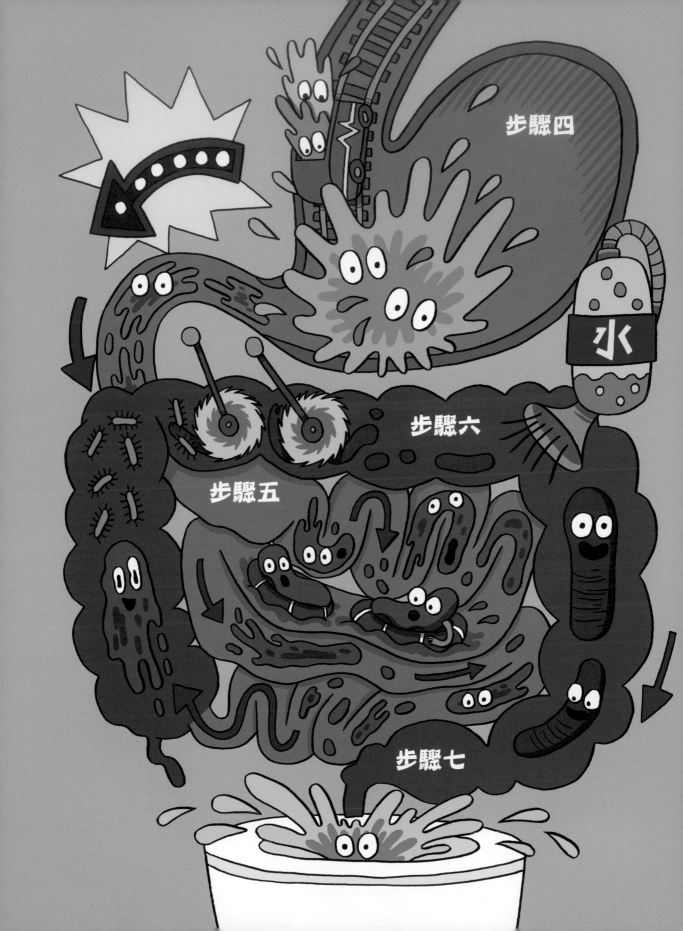

步驟三：推擠吞嚥。 吞嚥時，食物會慢慢走過一條稱作食道的長廊。來到這條走道時，喉嚨的肌肉會出面，幫你把食物一路推到胃部。

小知識

你知道你在倒立或像蝙蝠一樣頭下腳上吊掛著的時候也可以吞嚥嗎？食物不需要靠地心引力就能進到胃部！

步驟四：肚肚時期！ 此時，食物已經進入胃部，被一大堆體液和肌肉迎接，一起努力把它又攪又拌，進一步分解。另外，因為有一小圈稱作括約肌的肌肉，食物這時再也無法回頭！如果食物想走回頭路，括約肌會把胃和食道連接的地方壓緊閉上，以免它走錯方向。

小知識

胃部有一層厚厚的黏液，防止胃酸把胃也一起消化掉。

步驟五：從小腸開始吧。 此時，食物已經變成濃稠的液體，是剛剛好適合通過小腸的濃稠度。手指狀的小小絨毛正沿著腸壁等待。絨毛將營養交給血液，讓血液把營養傳送到身體各處。小腸是大部分的消化魔法發生的地方。

小知識

小腸約 6 公尺長、2.5 公分寬！

步驟六：製造便便！此時，通過小腸的營養已經全部被血液吸收，開開心心的為身體各處提供燃料。那麼剩下的廢物呢？！該前往大腸了。大腸正把剩餘的水分吸光，讓未消化的食物跟細菌混合、乾燥，使用這些材料製造出硬梆梆的優質便便！

小知識

大腸約 1.5 公尺長、7.5 公分寬，比小腸短，但直徑較大。

步驟七：抵達馬桶村之前的最後一站。經過 24 小時以上的漫長旅途後，食物消化了，身體補充能量了，便便也準備好離開身體了。可是，要是你還沒準備好呢？幸好，你的身體有一個為便便內建的候機室，叫做直腸，是在你準備好把它擠出來之前留住便便的小房間。不過，不要等太久，因為還有更多便便在路上，可別造成阻塞了！

小知識

成人從嘴巴到屁股的整條消化道通常約為 9 公尺長。

肚子痛

很多東西都可能讓你肚子痛。其實，這只是身體透過訊息告訴你有地方出問題的另一種方式。雖然壓力或便祕等原因都可能導致肚子痛，最常見的原因還是腸胃紊亂，也就是你的胃裡有一些怪東西存在。這可

能是指使你過敏的東西，或者是不小心跑到肚子裡的壞菌。幸好，身體有想出備案！然而，這個備案有時候會讓你嘔吐或拉肚子。不過，從好的一面想，這兩種強大的力量有能力趕走入侵者，將它們永遠逐出體外。

關於便便的內線消息

你屬於哪一種便便？布里斯托糞便分類法

在 1997 年，英國布里斯托大學的肯・希頓博士成功訓練 66 位志願者為科學便便。每位志願者都改變自己的飲食、吃下特殊的標記藥丸，並在日記（沒錯，就是日記）中記錄自己的便便。接著，希頓博士用這些日記設計出布里斯托糞便分類法，又叫做梅耶分類法，又叫做便便表！

> 親愛的日記：今天大得很好！便便一塊一塊的……

重量　顏色　形狀

為什麼要設計一張表？便便（應該）是很簡單的事情，但是談論便便有時候不容易。希頓博士設計這張表，是希望幫助患者更清楚的描述自己便便的形狀和種類給醫生聽。此外，這張表也可以幫助醫生診斷出潛在的消化問題。真是把便便議題帶到了全新的境界呀！

第一類：又小又硬的便便團塊，來到這個世界上時會讓你痛痛的

★ 可能是便祕的徵兆。

第二類：看起來一塊一塊的香腸形便便

★ 便祕的另一個徵兆！

第三類：充滿裂痕的香腸

★ 你在一分鐘內就大出這條便便了嗎？

★ 它軟軟的，很容易大出來嗎？

★ 如果這兩個問題的答案都是肯定的，恭喜你！你的便便很健康！把它沖掉，洗洗手，展開愉悅的一天吧！

第四類：又長又平滑的香腸蛇

★ 這是第一等的便便！要是所有的便便
都能這麼平滑輕鬆就好了。
你的目標是每 1 到 3 天要產出一條這樣的便便！

第五類：輪廓明顯的軟便

★ 好消息：排出容易
★ 壞消息：無預警出現，可能是快拉肚
子的前兆。

第六類：又軟又糊，輪廓不明確

★ 要是一天有超過 3 次以上排便是這樣，
那麼你肯定是出現拉肚子的狀況了。
請多喝水及含有電解質的飲料。

第七類：便便湯

★ 如果你排便又快又急，便便幾乎
完全是液體，那就絕對是拉肚子。
如果這個情況超過 2 天，你應該
叫大人帶你去看醫生，否則拉肚
子可能會造成脫水。

第一、二類

你在便祕喔

第三、四類

你的便便超級優

第五、六、七類

你拉肚子了

問答時間

親愛的 WOW 科學妙妙妙：

我昨天晚餐吃的玉米今天早上出現在我的便便裡，我該擔心嗎？

玉米便便敬上

親愛的玉米便便：
便便裡有玉米是很正常的（除非你沒吃玉米！）。玉米的殼是用纖維素這種植物成分組成的，對我們非常健康，但是我們人類無法消化它。所以，沒什麼好擔心的！

親愛的明蒂姐姐和蓋伊哥哥：

我的便便有時候像船一樣浮起來，有時候像倒木一樣沉下去，為什麼會這樣？

疑惑又覺得有趣的人上

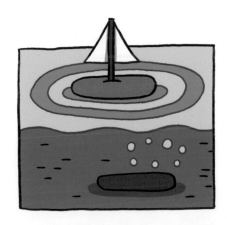

親愛的疑惑又覺得有趣的人：
健康的便便應該像一兩根大小適中、沉入水中的倒木。便便漂浮可能表示你沒有得到正確的營養，或者你體內有超多氣體。因此，如果便便漂浮的次數比沉沒的次數多，請大人讓你在每日飲食中多攝取一點纖維。

問答
時間

親愛的 WOW 科學妙妙妙：

便便看起來像巧克力，但是吃起來卻不像巧克力。如果便便不是巧克力，那是什麼？

絕對不是從自身經驗知道這件事的人想知道答案

親愛的絕對不是從自身經驗知道這件事的人：

你說得沒錯喔！便便和巧克力雖然有時候長得很像，卻是非常非常非常……非常不一樣的兩個東西。巧克力主要是由可可豆和糖製成，而**便便則是由完全不同的多種材料組成**：百分之七十五的水以及百分之二十五的死菌、無法消化的食物、脂肪、蛋白質和其他各式各樣（含量少很多）絕對不會在巧克力裡找到的東西。簡單來說，便便基本上就是消化系統（胃、小腸、大腸）將你吃下、喝下的東西（例如巧克力或巧克力牛奶！）的養分和水分全部吸收後所剩下的一切。

馬桶訓練

根據一個 2003 年的研究，我們的身體其實不是設計成適合坐著便便的。其實，蹲著便便才是對的。真的。這是因為，腸道下半段有一個小小的扭結，可以防止便便不隨意掉出體外。然而，蹲著的時候腸道會拉直，讓便便可以輕鬆滑出來，速度比我們坐著時還快 80 秒左右。那真的是很快呢！

科學教你如何便便

選項一

步驟一：爬到馬桶上蹲著。

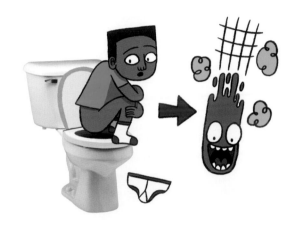

步驟二：在接下來的 51 秒鐘，好好享受極速排便。

停！蹲在馬桶上？好像很危險。

好吧，那就選項二。

選項二

步驟一：拿一個小凳子放在馬桶前，腳抬高。

步驟二：你知道怎麼做。

步驟三：給科學拍拍手！

步驟四：沖水！

步驟五：洗手！

5 萬歲生日快樂，便便！

雖然我們不知道我們找到過的最古老的人類便便究竟是在何年何月何日大出來的，我們倒是知道它大約是在 5 萬年前問世的！等到考古學家在西班牙發現這坨便便時，它已經完全變成化石，硬梆梆、沒味道。科學家判定這屬於一位尼安德塔人的；這些人跟現代人類是完全不同的物種。此外，這坨便便也提供了最早的證據之一，證實尼安德塔人除了肉類、莓果和堅果，也會吃蔬菜！你呢，有乖乖吃蔬菜嗎？

　　這個故事可能會讓你也想把自己的便便留給後代發掘，但是**請你不要**。

自賣自誇

吃東西時，你吞下的不只有食物。每一口食物其實也包含空氣，而空氣裡則有氣體。食物和氣體通過消化系統時，會在大腸進行分解，產生更多氣體。很多很多氣體！身體無法容納這麼多氣體，氣體就勢必要找一條路逸散。不需要我們說，你應該知道這條路在哪裡。但，我們還是要告訴你，那裡就是你的屁股！從屁股脫逃的氣體就叫做屁，科學的說法則是胃腸氣。胃腸氣聽起來好像是高級又正式的屁，你不覺得嗎？

能否請您將胃腸氣遞過來呢？

噗！

真是香呀！

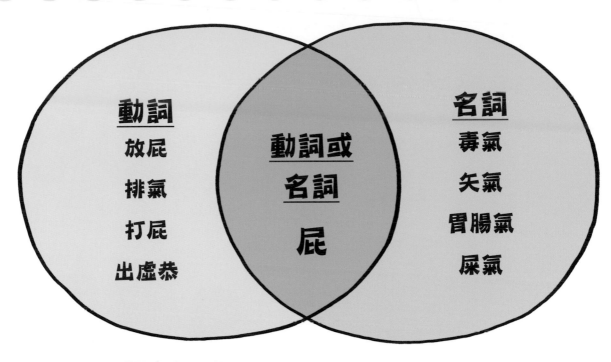

動詞
放屁
排氣
打屁
出虛恭

動詞或名詞
屁

名詞
毒氣
矢氣
胃腸氣
屎氣

請勿在家嘗試的實驗

屁

份量：一個香氣十足的屁

食材

氫氣

二氧化碳

混合了硫化氫和氨的甲烷

做法

在大腸裡混合所有食材。從屁股放出來。冒著危險用鼻子吸進去。寄一封客訴或讚美信給允許我們刊登這篇有毒／很香的臭屁食譜的編輯：童書編輯艾咪·克勞德，10016 美國紐約州紐約市公園大道 3 號，霍頓·米夫林·哈考特出版社。

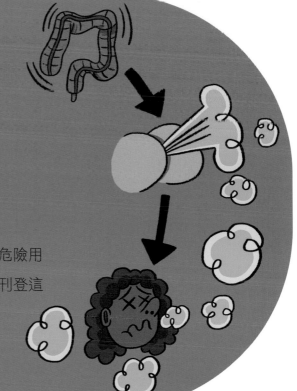

卡滋豆知識

★ 健康的人一天平均放屁 14 到 20 次。

★ 屁的速度可高達每秒 3 公尺，等於時速 11 公里！覺得你能跑得比屁還快？試試看！

★ 女生放的屁跟男生一樣多。

★ 媽媽和爸爸：有證據顯示，男性放的屁比女性多，而女性的屁聞起來比男性的臭。是不是有人想進行科學實驗了？

★ 好消息：忍住屁不放並不會讓你爆炸。壞消息：忍住屁不放可能會肚子痛。

破紀錄的妙妙妙！

金氏世界紀錄在 2009 年將有記錄下來最大聲的嗝頒給了英國的 **保羅・亨**。這個破紀錄的嗝有 109.9 分貝這麼大聲，比電鋸還高將近 2 個分貝！

哪些人會放屁

花點時間想一想在你的生活中超會放屁的這些人！

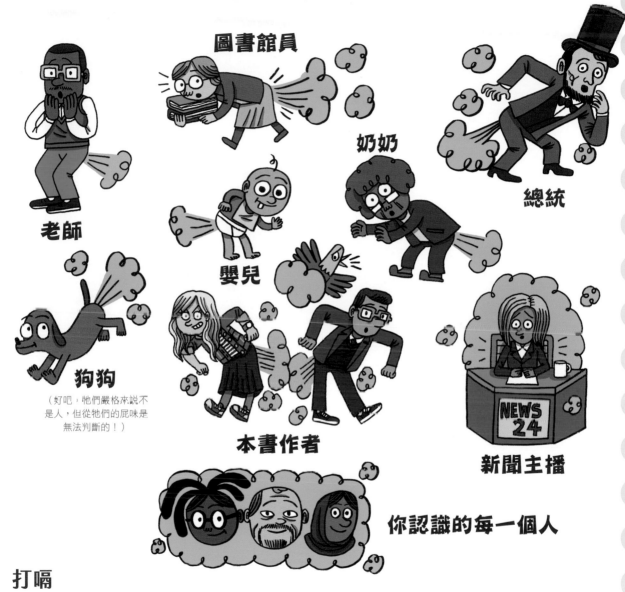

圖書館員

總統

奶奶

老師

嬰兒

狗狗

(好吧，牠們嚴格來說不是人，但從牠們的屁味是無法判斷的！)

本書作者

新聞主播

你認識的每一個人

打嗝

嗝（對，有的人把這稱作噯氣，但我們不是那些人）只是氣體的另一個一點也不高級的說法。跟屁一樣，嗝是我們吃或喝東西時吞下含有氣體的空氣所造成的。但是，跟屁不一樣的是，嗝沒有到達大腸，而是被推出胃部、通過食道，從嘴巴脫口而出！

人體絕招

要怎麼在沒有從高空墜落的狀況下感覺自己從高空墜落

步驟一：趴臥在地上。

步驟二：請一位朋友握著你的手腕，輕輕將你的上半身拉起。頭部和身體放鬆。

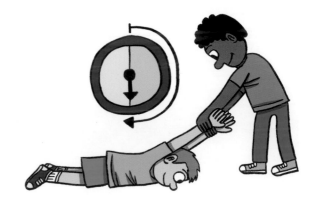

步驟三：保持這個姿勢30秒。「一秒鐘、兩秒鐘、三秒鐘……」

步驟四：30秒後，請朋友慢慢放下你的雙手。

剛剛發生了什麼事？！手臂放下時，你會感覺自己好像從高空墜落！噢，傻傻的身體和大腦！

如何把手當作計算機使用

假設你有 10 根手指，兩隻手就能幫你完成 9 的乘法。
我們來試試 6 x 9。

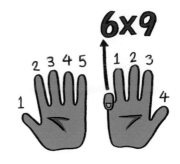

步驟一：雙手打開在你面前，放下跟你打算乘以 9
的數字相對應的那根手指。

步驟二：放下的那根手指左邊的手指數量，就是答案的第一個數字（5）；放
下的那根手指右邊的手指數量，就是答案的第二個數字（4）。

步驟三：兩個數字放在一起，就是答案 54！

$$6 \times 9 = 54$$

如何防止冰淇淋頭痛

冰淇淋頭痛現象是身體在我們吃冰凍的食物吃太快時叫我們慢慢來的方式。還
好，有個方法可以防止這件事發生，辦法如下：

步驟一：放下冰淇淋。

步驟二：舌頭抵住口腔頂部，熱一熱柔軟的上顎。

步驟三：保持這個姿勢，直到頭痛現象減緩。

步驟四：繼續享用冰淇淋，要慢慢吃！

步驟五：翻到 167 頁收聽 WOW 科學妙妙妙播客
節目的「冰涼食物的『凍腦』反應！」那一集！

免疫系統

生病了！

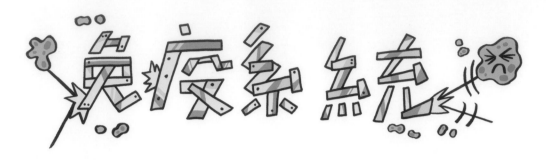

生病了！

每天都有微生物入侵者會試圖進入你的身體，唯一的目標就是讓你生病。幸好，你的身體有內建的防禦系統，隨時準備用比你說「哈啾」兩個字還快的速度對付它們！

病原體隊

來認識一些惡名昭彰的人體入侵者吧！

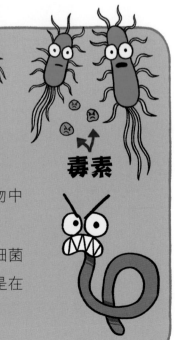

細菌！

個人檔案：具有快速增加數量的能力。有些細菌在入侵身體後會造成嚴重疾病，有些會釋放一種稱作毒素的有害分子。

知名事蹟：細菌是鏈球菌咽喉炎、泌尿道感染和食物中毒等疾病背後的知名反派角色。

隱藏技能：不是所有的細菌都很壞。其實，大部分細菌都蠻無害的，有一些甚至很有幫助，像是在腸道中協助消化食物的那些。

毒素

病毒！

個人檔案：透過入侵體細胞來繁衍。一旦成功入侵，它
們會把被劫機的細胞變成一座工廠，製
造更多病毒，再放出來感染更多細胞。

知名事蹟：病毒是一般感冒、流行性感冒和唇疱疹
等疾病背後的知名反派角色。

隱藏技能：大部分的病毒都壞到骨子裡，只想
搞破壞。

病毒發威

在 2020 年的年初，我們──也就是全世界的人
們──陷入了所謂的「全球性的流行病」。流行
病指的是疾病爆發後散佈到整個國家或者甚至整個
世界。流行病可能使一些人病得很嚴重，像是造成
COVID-19 的新型冠狀病毒，而且這類疾病很容易在
人與人之間傳播，若沒有疫苗或根治的方法，會難以
控制遏止。你可以把流行病想像成鬼抓人的遊戲，沒
有人想要玩，但是你可以用「我不是！」標註自己，
只要勤洗手、戴口罩，就能安全等待遊戲結束。這場
遊戲的名稱就叫保護自己與他人！

身體屏障隊

現在，我們來認識身體的急救人員：身體屏障！細菌、病毒和其他病原體有很多方法可以偷偷溜進身體，像是搭乘你所吃下的食物的便車，或者混入你所吸入的空氣，什麼都無法阻止它們毀了你的一天。身體屏障這時候就要出面來到防禦的前線！

眼淚

大部分的病原體都無法戰勝等著把它們永遠沖掉的鹹鹹淚水。

黏液

黏液附在鼻子內壁，隨時準備用它的超黏能力困住細菌！

唾液

黏滑的口水充滿化學物質，隨時準備殺死口腔的細菌！

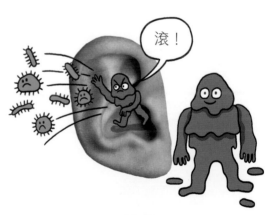

滾！

耳屎

從耳朵誕生以來，這些又厚又黏的耳屎就一直在嚇跑耳朵的入侵者！

血液

不同類型的白血球團結起來攻擊體內外
的入侵者。

皮膚

保護你不受到感染的全
身盔甲。

胃

運用強大的酸摧毀你吃下肚的細菌。

幫你成為健康的人！

然而，人體最厲害的急救人員就是……你自己！下面這
些是你不怎麼祕密的祕密武器：

肥皂和水：吃飯前、上廁所後洗洗手，就能洗掉那些
想要偷偷入侵身體的細菌。

打預防針：我們知道預防針很可怕，但你知道什麼更
可怕嗎？這些預防針和疫苗所要預防的疾病！

手指遠離口眼鼻：你知道你的手碰過什麼東西嗎？！
別再用手傳播細菌到身體各處了！

生殖系統

人造人的方法

生命週期
一起來探索！

青春期
你說什麼期？

生命週期

一起來探索！

人體可以做一些真的很了不起的事情，像是治癒自己的骨頭、辨識至少 100 萬種不同的色調、每個月製造一層新的皮膚！不過，人體所能做到最驚人的事情之一，恐怕是製造其他人類！

　　讓我們介紹……生殖系統！成人有一些特殊的細胞，可以團結起來創造新生命，男生的細胞叫精子，女生的細胞叫卵子。

　　要創造人類寶寶，兩種細胞都要有。首先，男生的細胞（精子）得找到女生的細胞（卵子），兩者團結在一起。這個過程稱作受精，發生在女生的子宮裡。卵子受精之後，會形成胚胎。胚胎會在同樣這個有彈性的子宮內成長發育，經過 9 個月後，叮！寶寶就生出來了！

團隊合作！

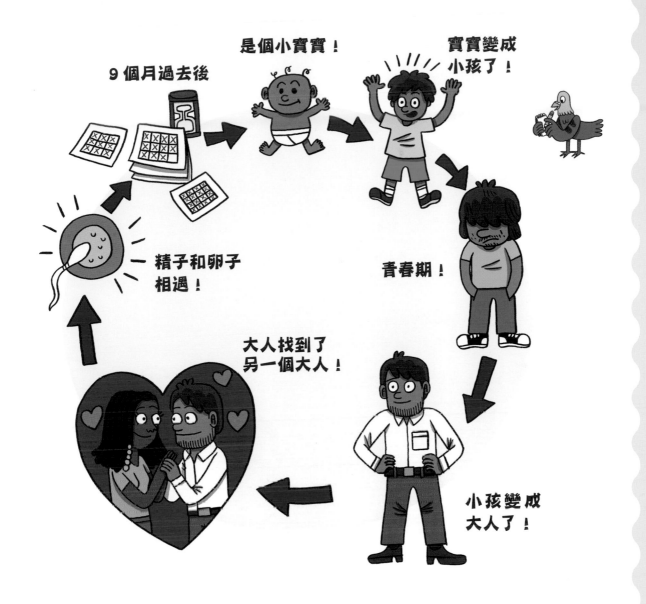

因為你還小，所以你的生殖系統還在建造中，但是沒關係，你還不需要它。然而，在你 8 歲到 15 歲之間的某個時候 *，你的體內外會開始經歷一些很大的變化，因為你要從小孩變成大人了！這些變化就稱作青春期。

* 女生通常較早進入青春期，約在 8 到 13 歲之間；很多男生則會晚個 1 到 3 年，在 9 到 15 歲之間進入青春期。

你說什麼期？

青春期！來，念念看。你要習慣這個詞，因為等你年紀越來越大，你會越來越常聽見。

所以，我們這裡說的改變是什麼？

從生物學上來說，男生和女生的生殖系統形成的方式有一些很大的差異。例如，在這段期間，女生的身體會開始釋放卵子，男生的身體會開始製造精子。女生會察覺到自己的胸部開始凸起，長出乳房，男生會發現自己的喉頭開始成長，在脖子上形成喉結。

但，不只是這些！

男生和女生可以期待會出現的改變包括（但不限於）以下這些：

預備……開始！你會經歷快速的發育徒增，短短一年就可能長 10 公分！發育徒增結束時，你會長到你成年期所能長到最高的身高（大概）。

在這段期間，你的身體也會發育其他部位。男生的肩膀會變寬、肌肉會變大，女生的屁股會變寬、乳房會變大，每個人都會變得有點笨拙。你和你的大腦會需要一點時間來適應快速變化的身體！

哈囉，荷爾蒙！ 青春期的荷爾蒙就像小小的化學物質信使，會在全身跑來跑去，指揮細胞。你可能受到這些荷爾蒙較大或較小的影響，這就要看你處於青春期的哪一個階段。雖然你看不見這些荷爾蒙，它們卻有很多神不知鬼不覺的方式可以讓你感受到它們的存在。

青春痘： 青春痘又叫粉刺，是你在青春期可能長出來的紅色小痘痘。這些通常是長在臉上，但是如果你在胸部或背部找到它們，也不用太意外。這些痘痘是皮膚上剛裝了渦輪增壓機的脂腺造成的。死掉的皮膚細胞被困在過多的油脂裡，形成一種黏呼呼的噁心玩意，堵塞毛孔，造成小感染。青春痘不是青春期的特產，但卻是成長過程中非常正常的一部分。

情緒雲霄飛車：在青春期，荷爾蒙的濃度會像一堆球一樣上下起伏跳動。前一分鐘你可能在笑，下一分鐘你卻在哭。此外，大腦還決定大改造處理情緒的部位。啊啊啊！所以，請繫好安全帶，忍受這趟旅程吧！（嘿……你的同輩也都會跟你一起走過這段路。）

更常打呼：青春期來臨之後，你會需要比現在更多的睡眠時間。一種稱作褪黑激素的荷爾蒙在晚上釋放的時間通常會比現在更晚，讓你更晚睡覺、更難起床。給十幾歲的自己好好睡一覺吧！

那裡怎麼有頭髮？！？若要說青春期有什麼長不完的東西，那就是體毛。你會發現到處都有毛！至少，一開始感覺是這樣。男生和女生長毛的地方可能不一樣，但是每個人都一定會在腋下找到幾根。給它們加上一對轉來轉去的眼珠子（不建議這麼做），你就有了自己的青春期小怪獸了！

是誰掉了低音管？！如果你是男生，你可能會在青春期發現自己的喉嚨多了一個凸凸的東西。不要嚇到！這只是喉頭為了容納更多空間給變粗的聲帶而發育所產生的結果！這個凸凸的東西就是你的喉結，形成後，你的聲音也會開始變低沉。這是睪固酮這種荷爾蒙引起的，你可以好好感謝它。另外，當你終於習慣較粗的聲帶時，可會發現自己的聲音又回到以前的童音，你可以把這想成是小時候的你單純路過跟你打聲招呼！

等到青春期結束時，你的身體應該已經有一套功能完善的生殖系統了。雖然從生物學的角度來看，你的身體已經準備好製造人類了，但是你要等到很後面的人生才會需要做這個決定，因為養育寶寶需要很多時間、耐心、金錢和尿布，這四樣東西你現在都還沒有！對了，我們有說寶寶幾乎 24 小時全年無休都在大便流口水嗎？

是男孩！是女孩！是⋯⋯之後才能確定。不確定也沒關係！

不是所有的寶寶生下來就是男生或女生、男性或女性。其實，一個人可能成為的樣子，比大部分人以為的還多得多！例如，有些人出生時，生殖器官不見得符合所謂「男性」或「女性」的特定特徵；有些人長大後，可能覺得自己不符合出生那天被賦予的「男孩」或「女孩」標籤。我們要記住，人類是很多元的一個群體，共有將近 80 億人，沒有兩個人是完完全全一模一樣的。當人類是不是很酷呀？

青春期大富翁

開始！

大腦傳來訊號說，時間到了！

發育徒增
往前走 10 公分。

情緒波動
往前跳 3 格，
再往後跳 6 格。

瞌睡城
你輸了，多睡點覺！

嘮叨！
誤判情勢。
大腦的決策部位
還在興建中。
回到 **起點** 吧。

突起物
給你一個驚喜！
你的突起物來了！

你知道嗎？就連這本書也有屁屁！

屁股又稱作臀部，被定義為「形成人類軀幹後下方區域的兩塊渾圓部位」。每個人都有一對屁股。找不到你的臀大肌嗎？給你一個提示：你就坐在臀大肌上！

臀大肌位於一層脂肪下方，是人體最大、最有力量、可抵抗重力的肌肉。若沒有臀大肌，你就無法爬樓梯、坐下或甚至站起來！臀大肌跟你的屁股、大腿和周圍的骨頭相連。所以，下次坐下來時，請好好謝謝你的屁屁！

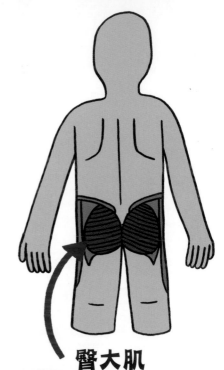

臀大肌

謝啦，
屁屁！

動物也有屁屁！

有一些烏龜是用屁股呼吸，像是
澳洲的菲茨羅伊蛇頸龜、北美的
東部錦龜和澳洲的白喉癩頸龜。
瀕危的澳洲白喉癩頸龜又叫做
「屁股呼吸龜」，能靠屁股得到將近百分之七十的氧氣！

　　雖然大部分的雙足和四足哺乳動物都有像我們的屁股一樣的屁屁，下面這
些動物卻沒有。（注意：遇到這些動物時，請別提起這件事。）

有些動物沒有屁屁

蛇

海豚

大王烏賊

鱷魚

龍蝦

藍鯨

現在，閉上眼睛想像一下你的屁股長在蛇、龍蝦或其他這些動物身上！不准
笑！

　　紐澤西州的屁股村是一個真實存在的地方。那裡滿小的，但我們想說，讓
你知道有一天你可以選擇住在那裡挺好的。寫信時，就寫美國的屁股村！

有什麼妙？

★ 股溝有一個名字……一個正式名稱，叫做——intergluteal cleft。如果將這個詞放到英文的句子中，會讓您的朋友和家人非常驚嘆！

股溝

★ 在 1880 年代的維多利亞時代，歐洲女性會在裙子下穿一個用鐵絲、鐵網的墊子做成的裙襯，創造出屁股很大的樣子。

鐵絲裙襯

符合十二年國民基本教育自然科學領域課程綱要學習內容

國小中高年級教育階段（三～六年級）

學習內容	跨科概念	三、四年級學習內容	五、六年級學習內容
自然界的組成與特性	物質與能量 (INa)	INa-II-1 自然界（包含生物與非生物）是由不同物質所組成。	INa-III-1 物質是由微小的粒子所組成，而且粒子不斷的運動。 INa-III-10 在生態系中，能量經由食物鏈在不同物種間流動與循環。
	構造與功能 (INb)	INb-II-4 生物體的構造與功能是互相配合的。 INb-II-5 常見動物的外部形態主要分為頭、軀幹和肢，但不同類別動物之各部位特徵和名稱有差異。 INb-II-7 動植物體的外部形態和內部構造 與其生長、行為、繁衍後代和適應環境有關。	INb-III-5 生物體是由細胞所組成，具有由細胞、器官到個體等不同層次的構造。 INb-III-6 動物的形態特徵與行為相關，動物身體的構造不同，有不同的運動方式。 INb-III-8 生物可依其形態特徵進行分類。
	系統與尺度 (INc)		INc-III-2 自然界或生活中有趣的最大或最小的事物（量），事物大小宜用適當的單位來表示。 INc-III-7 動物體內的器官系統是由數個器官共同組合以執行某種特定的生理作用。
自然界的現象、規律及作用	改變與穩定 (INd)	INd-II-3 生物從出生、成長到死亡有一定的壽命，透過生殖繁衍下一代。	INd-III-4 生物個體間的性狀具有差異性；子代與親代的性狀具有相似性和相異性。
	交互作用 (INe)	INe-II-10 動物的感覺器官接受外界刺激會引起生理和行為反應。	INc-III-11 動物有覓食、生殖、保護、訊息傳遞以及社會性的行為。
自然界的永續發展	科學與生活 (INf)	INf-II-3 自然的規律與變化對人類生活應用與美感的啟發。 INf-II-4 季節的變化與人類生活的關係。	

★ 寫給身體的感謝函 ★

找一個同伴幫你讀或寫這封信，然後找一張空白的紙和鉛筆。寫信的人在紙上寫下號碼 1 到 21，在每個號碼旁邊留點空間寫字。讀信的人問寫信的人信裡要寫些什麼，然後寫信的人就把內容寫在對應的數字旁。完成後，讀信的人用寫信的人所選擇的用詞把整封信讀給寫信的人聽。不准笑！這是一封真心誠意的信！

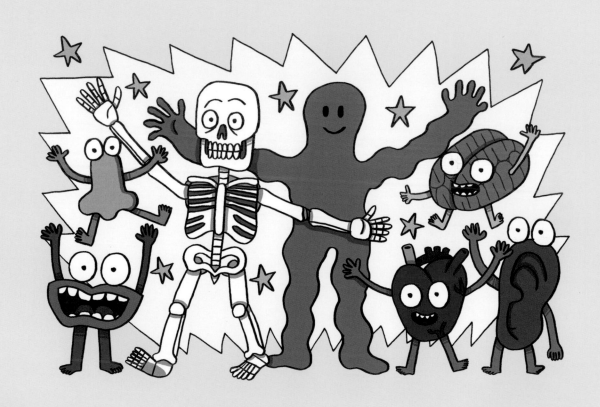

親愛的_____身體：
       1. 形容詞

我們已經在一起一陣子了，準確的說，總共_____了，但我從來沒有好好謝
                            2. 時間長度

謝你為我所做的一切。因為你，我才能夠_____ 、 _____ 、 _____
                        3. 動詞   4. 名詞   5. 動詞

_____ 、 _____ _____。雖然要選一個最喜歡的身體部位很難，但是我
  6. 名詞   7. 動詞   8. 名詞

的_____向來讓我十分自豪。它很_____，也很可靠。
    9. 身體部位   10. 形容詞

話雖如此，如果能改進任何一點，我希望我可以多長一個_____。一個
                              11. 身體部位

_____ 、 _____又_____的_____。要是我多了一個_____，我所
 12. 形容詞   13. 形容詞   14. 形容詞   重複 11   重複 11

有的朋友都會說_____。那會讓我非常_____。
          15. 大人很愛大叫說出的某句話   16. 感覺

最後，我只想讓你知道，如果你答應好好照顧我，我也會好好照顧你。我會透過
_____和_____這兩種方式照顧你。
17. 你愛做的浪費時間的事   18. 讓大人生氣的事

所以，謝謝你，身體。沒有你，我就只是一個_____ _____食物。
                              19. 形容詞   20. 最愛的

     愛你的_____ 敬上
        21. 你的名字

中英對照詞彙表

Abdomen（腹部）：身體中間的那個部分；你的肚子。

Allergens（過敏原）：一些其實對你來說不會不好、但是你的身體覺得很不好所以做出強烈反應的東西。

Amylase（澱粉酶）：一種把澱粉轉換成醣類讓身體做為能量運用的酵素。

Antivirus（抗病毒）：就像你最喜歡的超級英雄那樣專門打擊壞蛋的東西。

Armpit（腋下）：位於肩膀下面的部位。噢，你當然知道腋下是什麼啦！

Arteries（動脈）：將血液從心臟輸往其他身體部位的管子。

Atrium（心房）：位於心臟上半部的空間，會將血液往上送到肺部，再往下送到心室。

Bacteria（細菌）：小到只由單一細胞組成的微生物。大部分是無害的，但有些卻會讓你生病。

Bronchioles（小支氣管）：肺部裡通往肺泡的小分支。

Bronchus（支氣管）：每個肺的主要氣道。

Capillaries（微血管）：把氧氣從血液帶到肌肉的小小血管。

Carbon dioxide（二氧化碳）：你呼出（和放出）的氣體，是身體利用吸入的氧氣製造而成的。

Cartilage（軟骨）：一種堅韌有彈性的墊子，覆蓋身體的某些部位，像是你鼻子的末端和耳朵的頂端。

Clavicle（鎖骨）：把肩胛骨跟胸骨連接在一起的骨頭。

Collagen（膠原）：把骨頭、肌肉和皮膚黏在一起的蛋白質。

Constipation（便祕）：因為便便的頻率沒有像平常一樣而造成便便困難的狀況。

Dehydration（脫水）：當你水喝不夠多時會發生的事。

Diarrhea（腹瀉）：當身體想要趕走它認為可能使你生病的東西時所製造的水狀便便。腹瀉時要喝很多水，不然可能會脫水。

Dust mites（塵蟎）：一種很小很小且通常無害的生物，喜歡住在你的皮膚上，啃食你死掉的皮膚細胞。

Eardrum（耳膜）：分隔耳道和中耳的薄片。

Embryo（胚胎）：新生命剛開始發育的前九週。

Enzyme（酵素）：幫助身體完成分解食物等重要事項的蛋白質。

Femur（股骨）：位於腿部上半段的骨頭，可以支撐你的體重，讓你走來走去。

Fertilization（受精）：父母雙方提供基因給後代（寶寶）的過程。

Freckles（雀斑）：皮膚上小小的褐色斑點，通常長在暴晒到陽光的位置。

Gene（基因）：一個告訴身體怎麼把你變成獨一無二的你的說明手冊。

Glands（腺體）：釋放淚水、耳屎和汗水等物質的器官。

Goose bumps（雞皮疙瘩）：你覺得很冷或害怕時自動在毛髮根部形成的突起。

Gums（牙齦）：口腔中連接牙齒和顎骨的粉嫩組織。

Heart（心臟）：胸腔中央一個充滿肌肉的器官，協助把血液輸送到該去的地方。

Hormones（荷爾蒙）：在你身體中命令細胞和身體部位完成某些事情（像是發育！）的化學物質。

Immune system（免疫系統）：你體內負責對抗感染的系統。

Large intestine（大腸）：又稱作結腸。食物經過小腸後會來到這些較大的管子，在被吸光水分後變成便便。

Marrow（骨髓）：骨頭中心柔軟多脂的物質。

Microbes（微生物）：比人眼所能看到的東西還小的生物。細菌和病毒都屬於微生物。

Mucosa（黏膜）：組成你口腔內部和舌頭底部的粉嫩組織。

Mucus（黏液）：使某些身體部位保持溼潤的黏滑物質。

Muscles（肌肉）：可以透過延展和拉扯讓你動來動去的身體部位。

Nerve cell（神經細胞）：將訊息帶到大腦、帶出大腦或在大腦中四處傳遞的信差。

Olfactory system（嗅覺系統）：你的身體用來嗅聞的過程和器官。

Organ（器官）：專門做某件只有它能做的工作以協助你存活下去的身體部位。例如，肺是協助你呼吸的器官。

Platelets（血小板）：在你流血時聚在一起形成凝血塊，類似小圓盤的形狀。

Reproductive system（生殖系統）：跟製造寶寶有關的器官們。

Saliva（唾液）：即口水，是你的嘴巴為了保持溼潤而製造出來的液體。

Salivate（分泌唾液）：在看到或聞到喜歡的食物時，你的嘴巴因此被唾液沾溼的現象。

Skeleton（骨骼）：組成你身體的骨頭架構。

Skull（頭顱）：形成頭部並蓋住大腦的骨頭。

Small intestine（小腸）：在胃和大腸之間的管子，食物裡大部分的營養被吸收的地方。

Soft palate（軟顎）：口腔頂部的後方。

Spine（脊柱）：你的脊椎。

Sternum（胸骨）：胸腔中央形成肋骨前側的長扁骨頭。

Stomach acid（胃酸）：一種在你胃裡協助分解食物的液體。

Sunburn（晒傷）：在沒有抹防晒乳的情況下在太陽底下待太久所造成的皮膚潮紅與疼痛。

Toxin（毒素）：對人類或動物十分危險、碰到或吃到會造成問題的物質。

Transplant（移植）：把一個人的某個身體部位取出來用在另一個人身上的過程。

Umbilical cord（臍帶）：你還在生母體內成長時將你和她連接在一起的一條有彈性的帶子。

Uterus（子宮）：女性的器官，是寶寶出生前發育的地方。

Valves（瓣膜）：讓血液可以往下流（但是不能往回流）的單向道。

Veins（靜脈）：將血液從身體各處輸回心臟的管子。

Ventricle（心室）：位於心臟下半部的空間，會將血液送到竄流身體各處的血管。

Vessels（血管）：將血液帶到你身體各處的高速公路系統。

Virus（病毒）：一種需要像你這樣的生物才能生長繁殖的微生物。它可以讓你得到感冒或流感。

White blood cells（白血球）：協助你的身體擺脫感染或其他疾病的戰士。

參考書目
和推薦讀物

書籍

Macaulay, David. *The Way We Work: Getting to Know the Amazing Human Body*. Boston: Houghton Mifflin Company, 2008.

Natterson, Cara. *Guy Stuff: The Body Book for Boys.* Middleton, WI: American Girl Publishing, 2017.

Schaefer, Valorie Lee. *The Care and Keeping of You 1: The Body Book for Younger Girls*. Rev. ed. Middleton, WI: American Girl Publishing, 2012.

Smithsonian. *Human Body! Your Amazing Body as You've Never Seen It Before*. New York: DK Publishing, 2017.

Weird but True! Human Body. Washington, DC: National Geographic Books, 2017.

Wicks, Maris. *Human Body Theater*. New York: First Second, 2015.

網頁

KidsHealth: kidshealth.org/kid

聽英文學科普

掃描 QR code，即可收聽由 tinkercast 提供的 Wow in the World！

罐頭裡的笑聲：
我們的大腦如何
解讀有趣的事情

你看到我所聽見的嗎？
讓感官碰撞的聯覺！

G-Force vs. 芥末：
大腦如何記錄疼痛

如何讓你睡到成功！

冰涼食物的「凍腦」反應！

噢！折關節：
劈啪作響的科學

吐了出來！
唾液與苦味的科學

眉毛的演變！

奇聞「異」事，氣味的科學：
為什麼不同的人聞出不同的
氣味感受！

資料來源

1　頭部：且讓我們從頭開始
眼睛：臉上的窗戶

These slimy Ping-Pong balls: Eye Institute, "About Eyes" (www.eyeinstitute.co.nz/about-eyes, August 8, 2019).

Eye muscles that move: NPR, "Looking at What the Eyes See," February 25, 2011 (www.npr.org/2011/02/25/134059275/looking-at-what-the-eyes-see, August 8, 2019).

Could this be because: Donald E. Brown, "Human Universals and Human Culture," Human Behavior & Evolution Society of Japan, November 2003 (www.hbesj.org/HBES-J2003/HumanUniv.pdf, August 9, 2019).

Due to our lack of: Center for Academic Research & Training in Anthropogeny, "Eyebrows" (https://carta.anthropogeny.org/moca/topics/eyebrows, August 9, 2019).

Turns out our brains: Tamami Nakano et al., "Blink-Related Momentary Activation of the Default Mode Network While Viewing Videos," *Proceedings of the National Academy of Sciences* 110, no. 2 (2013): 702–6.

Some babies blink as little: Bahar Gholipour, "Why Do Babies Barely Blink?," Live Science, July 15, 2018 (www.livescience.com/62988-why-babies-rarely-blink.html, August 9, 2019).

Grownups, on the other hand: A. R. Bentivoglio et al., "Analysis of Blink Rate Patterns in Normal Subjects," *Movement Disorders* 12, no. 6 (November 1997): 1028–34 (www.ncbi.nlm.nih.gov/pubmed/9399231, August 9, 2019).

People with blue eyes: University of Copenhagen, "Blue-Eyed Humans Have a Single, Common Ancestor," Science Daily, January 31, 2008 (www.sciencedaily.com/releases/2008/01/080130170343.htm, August 12, 2019).

Some people have: University of Arizona Health Sciences, "Blatt Distichiasis," Hereditary Ocular Disease (https://disorders.eyes.arizona.edu/handouts/blatt-distichiasis, August 12, 2019).

Actress Elizabeth Taylor: Louis Bayard, "Violet Eyes to Die For," *Washington Post*, September 3, 2006 (www.washingtonpost.com/wp-dyn/content/article/2006/08/31/AR2006083101166.html, August 9, 2019).

When you get snotty: KidsHealth, "Why Does My Nose Run?" (www.kidshealth.org/en/kids/nose-run.html, August 12, 2019).

Astronauts cannot cry: Chris Hadfield, "Tears in Space (Don't Fall)" (https://chrishadfield.ca/videos/tears-in-space-dont-fall, August 12, 2019).

People with Heterochromia: David Turbert, "Heterochromia," American Academy of Ophthalmology, February 3, 2017 (www.aao.org/eye-health/diseases/what-is-heterochromia, July 28, 2020).

If unprotected: Moran Eye Center, "Can Your Eyes Get Sunburned?," University of Utah Health, June 22, 2015 (https://healthcare.utah.edu/healthfeed/postings/2015/06/062215_sunburn.eyes.php, August 9, 2019).

In 2007, Kim Goodman: Guinness World Records, "Farthest Eyeball Pop" (www.guinnessworldrecords.com/world-records/23632-farthest-eyeball-pop, August 9, 2019).

Over half of the people: Reena Mukamal, "Why Are Brown Eyes Most Common?," American Academy of Ophthalmology, April 7, 2017 (www.aao.org/eye-health/tips-prevention/why-are-brown-eyes-most-common, August 12, 2019).

Surgeons are unable: David Turbert, "What Parts of the Eye Can Be Transplanted?," American Academy of Ophthalmology, April 3, 2018 (www.aao.org/eye-health/treatments/transplantation-eye, August 9, 2019).

鼻子：超級鼻一鼻

On March 18, 2010: Guinness World Records Limited, "Longest Nose on a Living Person," March 18, 2010 (www.guinnessworldrecords.com/world-records/longest-nose-on a living-person, July 6, 2019).

GET YOUR GERMY FINGER: J. Thaj and F. Vaz, "Recognising Ear, Nose and Throat Conditions in the Dentist's Chair," *Primary Dental Journal* 6, no. 3 (2017): 39–43.

Boogers contain cavity-fighting: Erica Shapiro Frenkel and Katharina Ribbeck, "Salivary Mucins Protect Surfaces from Colonization by Cariogenic Bacteria," *Applied and Environmental Microbiology*, October 24, 2014 (https://aem.asm.org/content/81/1/332, July 6, 2019).

One small study: J. W. Jefferson and T. D. Thompson, "Rhinotillexomania: Psychiatric Disorder or Habit?," *Journal of Clinical Psychiatry* 56, no. 2 (February 1995): 56–59.

耳朵：我是順風耳

A single gene in: John H. McDonald, *Myths of Human Genetics* (Baltimore: Sparky House Publishing, 2011), 41–43.

Kids have wetter: Ask Dr. Universe, "Earwax: Why Do We Have It?," April 4, 2016 (askdruniverse.wsu.edu/2016/04/04/earwax-why-do-we-have-it, January 7, 2020).

In 2007, Anthony Victor: Guinness World Records, "Longest Ear Hair" (www.guinnessworldrecords.com/world-records/longest-ear-hair, January 7, 2020).

There's a condition known as: L. Carluer, C. Schupp, and G. L. Defer, "Ear Dyskinesia," *Journal of Neurology, Neurosurgery, and Psychiatry* 77, no. 6 (2006): 802–3.

嘴巴：人類頭上最大的一個洞

Alligators will regrow: Ping Wu et al., "Specialized Stem Cell Niche Enables Repetitive Renewal of Alligator Teeth," *Proceedings of the National Academy of Sciences of the United States of America* 110, no. 22 (May 28, 2013): E2009–E2018 (www.pnas.org/content/110/22/E2009?with-ds=yes, October 12, 2019).

And over a billion at any one time?: University of Illinois at Chicago College of Dentistry, "The True Story of Why You Get Cavities, According to a Billion Microbes," March 29, 2017 (www.dentistry.uic.edu/patients/cavity-prevention bacteria, October 12, 2019).

The next time you bust your grandparents: R. Kort et al., "Shaping the Oral Microbiota through Intimate Kissing," *Microbiome* 2, no. 41 (2014) (https://microbiomejournal.biomedcentral.com/articles/10.1186/2049-2618-2-41, October 12, 2019).

Your body makes: Northern Dental Centre, "Fun Facts About Saliva" (www.northerndentalcentre.ca/fun-facts-about-saliva, October 10, 2019).

Pad kid poured: Meera Dolasia, "MIT Researchers Reveal the World's Toughest Tongue Twister!," *Dogo News* (www.dogonews.com/2013/12/7/mit-researchers-reveal-the-worlds-toughest-tongue-twister, October 12, 2019).

Only 10 percent of: Hélène Buithieu, Yves Létourneau, and Rénald Pérusse "Oral Manifestations of Ehlers-Danlos Syndrome," *Journal of the Canadian Dental Association* 67, no. 6 (2001): 330–31.

For centuries, the people: Julia M. White, "Tibet in the 1930s: Theos Bernard's Legacy at UC Berkeley," *Cross Currents e-Journal,* no. 13 (Dec. 2014) (www.cross-currents.berkeley.edu/e-journal/issue-13/Bernard/photo/tibetan-greeting, October 12, 2019).

Ashish Peri, of: Guinness World Records, "Most Tongue to Nose Touches in One Minute" (www.guinnessworldrecords.com/world-records/435650-most-times-touching-your-tongue-to-your-nose-in-one-minute, October 9, 2019).

Thomas Blackstone once: Guinness World Records, "Heaviest Weight Lifted by Tongue" (www.guinnessworldrecords.com/world-records/heaviest-weight-lifted-by-tongue, October 9, 2019).

Blue whales: Michelle Bryner, "What's the Biggest Animal in the World?," Live Science, August 23, 2010 (www.livescience.com/32780-whats-the-biggest-animal-in-the-world.html, October 9, 2019).

In fact, your body: Sandy A. Simon and Ivan E. Araujo, "The Salty and Burning Taste of Capsaicin," *Journal of General Physiology* 125, no. 6 (2005): 531–34.

2　大腦：建構思想的身體部位！

The brain is mission control: Larissa Hirsch, "Your Brain & Nervous System," Kids Health from Nemours, May 2019 (www.kidshealth.org/en/kids/brain.html, November 2, 2019).

It's powerful: University of Pittsburgh School of Medicine, "About the Brain and Spinal Cord" (www.neurosurgery.pitt.edu/centers/neurosurgical-oncology/brain-and-brain-tumors/about, November 2, 2019).

The brain contains billions: F. A. Azevedo et al., "Equal Numbers of Neuronal and Nonneuronal Cells Make the Human Brain an Isometrically Scaled-Up Primate Brain," *Journal of Comparative Neurology* 513, no. 5 (2009): 532–41.

It gets pretty complicated: David T. Bundy, Nicholas Szrama, Mrinal Pahwa, and Eric C. Leuthardt, "Unilateral, 3D Arm Movement Kinematics Are Encoded in Ipsilateral Human Cortex," *Journal of Neuroscience* 38, no. 47 (2018): 10042–46; Eric H. Chudler, "One Brain . . . Or Two?" University of Washington (www.faculty.washington.edu/chudler/split.html, November 3, 2019).

Cerebrum: Larissa Hirsch, "Your Brain & Nervous System," KidsHealth from Nemours, May 2019 (www.kidshealth.org/en/kids/brain.html, November 2, 2019).

Hypothalamus: Larissa Hirsch, "Your Brain & Nervous System," KidsHealth from Nemours, May 2019 (www.kidshealth.org/en/kids/brain.html, November 2, 2019).

Eat, drink, sleep, repeat: Joseph Proietto, "Chemical Messengers: How Hormones Make Us Feel Hungry and Full," The Conversation, September 25, 2015 (www.theconversation.com/chemical-messengers-how-hormones-make-us-feel-hungry-and-full-35545, November 5, 2019).

We keep track of: R. Szymusiak and D. McGinty, "Hypothalamic Regulation of Sleep and Arousal," *Annals of the New York Academy of Sciences* 1129 (2008): 275–86.

Pituitary Gland: Larissa Hirsch, "Your Brain & Nervous System," KidsHealth from Nemours, May 2019 (www.kidshealth.org/en/kids/brain.html, November 2, 2019).

Come visit if you're in search of: Stanford Children's Health, "Anatomy of a Child's Brain" (www.stanfordchildrens.org/en/topic/default?id=anatomy-of-a-childs-brain-90-P02588, November 2, 2019).

Brain Stem: Larissa Hirsch, "Your Brain & Nervous System," KidsHealth from Nemours, May 2019 (www.kidshealth.org/en/kids/brain.html, November 2, 2019).

Spinal Cord: Stanford Children's Health, "Anatomy of a Child's Brain" (www.stanfordchildrens.org/en/topic/default?id=anatomy-of-a-childs-brain-90-P02588, November 2, 2019).

Amygdala: Larissa Hirsch, "Your Brain & Nervous System," KidsHealth from Nemours, May 2019 (www.kidshealth.org/en/kids/brain.html, November 2, 2019).

Mostly because I process light: Eric H. Chudler, "Lobes of the Brain," University of Washington (www.faculty.washington.edu/chudler/split.html, November 3, 2019).

I'm good at: Eric H. Chudler, "Lobes of the Brain," University of Washington (www.faculty.washington.edu/chudler/split.html, November 3, 2019).

The average adult brain: National Institute of Neurological Disorders and Stroke, "Brain Basics: Know Your Brain" (www.ninds.nih.gov/Disorders/Patient-Caregiver-Education/Know-Your-Brain, November 5, 2019).

A newborn baby's brain: Bahar Gholipour, "Babies' Amazing Brain Growth Revealed in New Map," Live Science, August 11, 2014 (www.livescience.com/47298-babies-amazing-brain-growth.html, November 5, 2019).

The human brain is: John H. Kaas, "The Evolution of Brains from Early Mammals to Humans," *Wiley Interdisciplinary Review of Cognitive Science* 4, no. 1 (2013): 33–35.

By the time you turn nine: V. S. Caviness Jr. et al., "The Human Brain Age 7–11 Years: A Volumetric Analysis Based on Magnetic Resonance Images," *Cerebral Cortex* 6, no. 5 (1996): 726–36.

While your brain only: Eric H. Chudler, "Brain Facts That Make You Go Hmmm," University of Washington (www.faculty.washington.edu/chudler/split.html, November 3, 2019).

It uses 20 percent: Ferris Jabr, "Does Thinking Hard Really Burn More Calories?" *Scientific American*, July 18, 2012 (www.scientificamerican.com/article/thinking-hard-calories, November 3, 2019).

The brain can store: Paul Reber, "What Is the Memory Capacity of the Human Brain?," *Scientific American*, May 1, 2010 (www.scientificamerican.com/article/what-is-the-memory-capacity, November 5, 2019).

The human brain is as big as the whole internet: Thomas M. Bartol Jr. et al., "Nanoconnectomic Upper Bound on the Variability of Synaptic Plasticity," eLife Sciences, November 30, 2015 (www.elifesciences.org/articles/10778, November 3, 2019).

It's limited by how quickly: Patrick Monahan, "The Human Brain Is as Big as the Internet," American Association for the Advancement of Science, January 25, 2016 (www.sciencemag.org/news/2016/01/human-brain-big-internet, November 4, 2019).

You have at least one thousand: Carl Zimmer, "100 Trillion Connections: New Efforts Probe and Map the Brain's Detailed Architecture," *Scientific American*, January 2011 (www.scientificamerican.com/article/100-trillion-connections, November 4, 2019).

A neural connection: Valerie Ross, "Numbers: The Nervous System, From 268-MPH Signals to Trillions of Synapses," *Discover Magazine*, May 14, 2011 (www.discovermagazine.com/health/numbers-the-nervous-system-from-268-mph-signals-to-trillions-of-synapses, November 4, 2019).

Pain signals: Tim Welsh, "It Feels Instantaneous, But How Long Does It Really Take to Think a Thought?," The Conversation, June 26, 2015 (theconversation.com/it-feels-instantaneous-but-how-long-does-it-really-take-to-think-a-thought-42392, November 5, 2019).

During rest, your brain is: Erin J. Wamsley and Robert Stickgold, "Memory, Sleep and Dreaming: Experiencing Consolidation," *Sleep Medicine Clinics Journal* 6, no. 1 (2011): 97–108.

A 2015 study: Jessica Hamzelou, "Ultra-marathon Runners' Brains Shrank While Racing across Europe," *New Scientist*, December 2, 2015 (www.newscientist.com/article/dn28591-ultra-marathon-runners-brains-shrunk-while-racing-across-europe, November 5, 2019).

The good news is: Wolfgang Freund et al., "Regionally Accentuated Reversible Brain Grey Matter Reduction in Ultra Marathon Runners Detected by Voxel-Based Morphometry," *BMC Sports Science, Medicine, and Rehabilitation* 6, no. 1 (2014): 4.

If you could smooth out: Rachel Nuwer, "Why Are Our Brains Wrinkly?" *Smithsonian Magazine*, February 28, 2013 (www.smithsonianmag.com/smart-news/why-are-our-brains-wrinkly-29271143, November 5, 2019).

It would flatten out: Roberto Toro, "On the Possible Shapes of the Brain," *Evolutionary Biology* 39 (2012): 600–612.

3 由裡到外
皮膚：不讓裡面的東西跑出來！

It weighs about as much: Eric H. Chudler, "Brain Facts That Make You Go Hmmm," University of Washington (www.faculty.washington.edu/chudler/split.html, November 3, 2019).

Skin is your fastest: American Academy of Dermatology Association, "What Kids Should Know about the Layers of Skin" (www.aad.org/public/parents-kids/healthy-habits/parents/kids/skin-layers, August 5, 2019).

If we were to save up: Kids Health from Nemours, "Your Skin" (www.kidshealth.org/en/kids/skin.html, August 5, 2019).

Dust mite mouths: Claire Landsbaum, "How Gross Is Your Mattress?" Slate, November 24, 2015 (www.slate.com/human-interest/2015/11/mattresses-dust-mites-and-skin-cells-how-gross-does-your-mattress-get-over-time.html, August 2, 2019).

The thickest skin: Act for Libraries, "The Thickest and Thinnest Skin in the Body" (www.actforlibraries.org/the-thickest-and-thinnest-skin-in-the-body, August 5, 2019).

In 1999, Gary Turner: Guinness World Records, "Stretchiest Skin" (www.guinnessworldrecords.com/world-records/72387-stretchiest-skin, August 5, 2019).

Pimples, AKA Zits: American Academy of Dermatology Association, "What Is Acne?" (www.aad.org/public/parents-kids/lesson-plans/lesson-plan-what-is-acne-ages-8-10, August 5, 2019).

Moles! What are they?: American Academy of Dermatology Association, "Moles: Who Gets and Types" (www.aad.org/public/diseases/a-z/moles-types, August 5, 2019).

Eczema, AKA Dermatitis: American Academy of Dermatology Association, "Eczema Resource Center" (www.aad.org/public/diseases/eczema, August 5, 2019).

Birthmarks!: American Academy of Dermatology Association. "What Kids Should Know about Birthmarks" (www.aad.org/public/parents-kids/healthy-habits/parents/kids/birthmarks-kids, August 5, 2019).

汗：噢！那是什麼味道？

These hungry microbes: Jessica Boddy, "Your Body Means the World to the Microbes That Live On It," *Popular Science*, August 24, 2018 (www.popsci.com/microbes-on-your-body, August 5, 2019).

Meat sweats: Brandon Specktor, "The Truth About 'Meat Sweats,' According to Science," Live Science, June 27, 2018 (www.livescience.com/62932-meat-sweats-causes.html, August 6, 2019).

指甲：搞定囉！

Nails grow: New York Times "Q & A," August 2, 1988 (www.nytimes.com/1988/08/02/science/q-a-504688.html, August 6, 2019).

Kids' fingernails grow: Donna M. D'Alessandro, "How Fast Do Fingernails Grow?," Pediatric Education.org, November 5, 2012 (www.pediatriceducation.org/2012/11/05/how-fast-do-fingernails-grow, August 6, 2019).

Nails grow faster: New York Times, "Q & A," August 2, 1988 (www.nytimes.com/1988/08/02/science/q-a-504688.html, August 6, 2019).

Nails are as strong: New Scientist, "Fingernails Have the Strength of Hooves," February 7, 2004 (www.newscientist.com/article/mg18124332-600-fingernails-have-the-strength-of-hooves, August 7, 2019).

If you lose a fingernail: American Academy of Dermatology Association, "What Kids Should Know About How Nails Grow" (www.aad.org/public/parents-kids/healthy-habits/parents/kids/nails-grow, August 6, 2019).

About half of kids: Nationwide Children's Hospital, "Nail Biting Prevention and Habit Reversal Tips: How to Get Your Child to Stop," January 11, 2019 (www.nationwidechildrens.org/family-resources-education/700childrens/2018/01/nail-biting-prevention-and-habit-reversal-tips-how-to-get-your-child-to-stop, August 7, 2019).

But in 2018, at the age: David Stubbings, "Owner of World's Longest Nails Has Them Cut after Growing Them for 66 Years," Guinness World Records, July 11, 2018 (www. guinnessworldrecords.com/news/2018/7/owner-of-worlds-longest-nails-has-them-cut-after-growing-them-for-66-years-532563, August 7, 2019).

頭髮：長短不一！

We've got follicles big: Francisco Jimenez, Ander Izeta, and Enrique Poblet, "Morphometric Analysis of the Human Scalp Hair Follicle: Practical Implications for the Hair Transplant Surgeon and Hair Regeneration Studies," *Dermatologic Surgery* 37, no. 1 (2011): 58–64.

Choose a specific shape: Sebastien Thibaut, Philippe Barbarat, Frederic Leroy, and Bruno A. Bernard, "Human Hair Keratin Network and Curvature," *International Journal of Dermatology* 46, no. s1 (2007): 7–10.

"For fabulous coils and curls": Leidamarie Tirado-Lee, "The Science of Curls," Science in Society of Northwestern University, May 20, 2014. (helix.northwestern.edu/blog/2014/05/science-curls, January 5, 2020).

Customers can expect: Morgan B. Murphrey, Sanjay Agarwal, and Patrick M. Zito, "Anatomy, Hair" (Treasure Island, FL: StatPearls Publishing, 2019; www.ncbi.nlm.nih.gov/books/NBK513312, January 5, 2020).

Vellus hair and terminal hair: Ezra Hoover, Mandy Alhajj, and Jose L. Flores, "Physiology, Hair" (Treasure Island, FL: StatPearls Publishing, 2019; www.ncbi.nlm.nih.gov/books/NBK499948, January 5, 2020).

Teenagers and grownups: Dahlia Saleh and Christopher Cook, "Hypertrichosis" (Treasure Island, FL: StatPearls Publishing, 2019; www.pubmed.ncbi.nlm.nih.gov/30521275-hypertrichosis, January 5, 2020).

Where you WON'T find hair: Ezra Hoover, Mandy Alhajj, and Jose L. Flores, "Physiology, Hair" (Treasure Island, FL: StatPearls Publishing, 2019; www.ncbi.nlm.nih.gov/books/NBK499948, January 5, 2020).

These are all examples of: R. Kumar et al., "Glabrous Lesional Stem Cells Differentiated into Functional Melanocytes: New Hope for Repigmentation," *Journal of the European Academy of Dermatology and Venereology* 30, no. 9 (2016): 1555–60.

4　怎麼移動

骨頭：你的體內住了一個骷髏！

Most fragile: Lincoln Orthopaedic Center, "Most Commonly Broken Bones" (www.ortholinc.com/article-id-fix/272-most-commonly-broken-bones, August 9, 2019).

The stapes is also the smallest: Bradley L. Njaa, *Pathological Basis of Veterinary Disease* (Maryland Heights: Mosby, 2017).

The femur, also the longest: Healthline, "Femur," April 2, 2015 (www.healthline.com/human-body-maps/femur#1, August 10, 2019).

Every bone in your body is connected: Bradley J. Fikes, "Body Parts: The Hyoid—A Little Known Bone," *Hartford Courant,* March 11, 2007 (www.courant.com/sdut-body-parts-the-hyoid-a-little-known-bone-2007mar11-story. html, July 24, 2020).

Some of your bones are able: Karl J. Jepsen, "Systems Analysis of Bone," *Wiley Interdisciplinary Reviews, Systems Biology and Medicine* 1, no. 1 (2009): 73–88.

Most people have twenty-four: Michael Hinck, "Did You Know—One out of Every 200 People Are Born with an Extra Rib?," Flushing Hospital Medical Center, April 20, 2018 (www.flushinghospital.org/newsletter/did-you-know-one-out-of-every-200-people-are-born-with-an-extra-rib, August 14, 2019).

More than half: S. G. Uppin et al., "Lesions of the Bones of the Hands and Feet: A Study of 50 Cases," *Archives of Pathology and Laboratory Medicine* 132, no. 5 (2008): 800–812.

肌肉：把身體變成跟暴龍一樣霸氣！

Skeletal muscle: Library of Congress, "What Is the Strongest Muscle in the Human Body?" (www.loc.gov/everyday-mysteries/item/what-is-the-strongest-muscle-in-the-human-body, August 12, 2019).

Ancient Romans thought: Online Etymology Dictionary, "Muscle" (www.etymonline.com/word/muscle, August 12, 2019).

A grownup's body weight is: Ian Janssen, Steven B. Heymsfield, ZiMian Wang, and Robert Ross, "Skeletal Muscle Mass and Distribution in 468 Men and Women aged 18–88 yr," *Journal of Applied Physiology* 89, no. 1 (2000): 81–88.

You have more than six hundred: Kids Health from Nemours, "Your Muscles" (www.kidshealth.org/en/kids/muscles.html, August 1, 2019).

Your eye muscles: Talk of the Nation, "Looking at What the Eyes See," NPR, February 23, 2011 (www.npr.org/2011/02/25/134059275/looking-at-what-the-eyes-see, August 2, 2019).

Every single one of the five million: "How to Be Human: The Reason We Are So Scarily Hairy," *New Scientist*, October 4, 2017 (www.newscientist.com/article/mg23631460-700-why-are-humans-so-hairy, August 5, 2019).

Has its own muscle: Niloufar Torkamani, Nicholas W. Rufaut, Leslie Jones, and Rodney D. Sinclair. "Beyond Goosebumps: Does the Arrector Pili Muscle Have a Role in Hair Loss?," *International Journal of Trichology* 6, no. 3 (2014): 88–94

Put your hands together for: A. J. Harris et al., "Muscle Fiber and Motor Unit Behavior in the Longest Human Skeletal Muscle," *Journal of Neuroscience* 25, no. 37 (2005): 8528–33.

It's the GLUTEUS MAXIMUS: Library of Congress, "What Is the Strongest Muscle in the Human Body?" (www.loc.gov/everyday-mysteries/item/what-is-the-strongest-muscle-in-the-human-body, August 12, 2019).

Let's give a big round of applause for the STAPEDIUS: K. C. Prasad et al., "Microsurgical Anatomy of Stapedius Muscle: Anatomy Revisited, Redefined with Potential Impact in Surgeries," *Indian Journal of Otolaryngology and Head & Neck Surgery* 71, no. 1 (2019): 14–18.

5　加油打氣，順流而下
心臟：愛你呦！

That's one hundred thousand beats: PBS Nova, "Amazing Heart Facts" (www.pbs.org/wgbh/nova/heart/heartfacts.html, August 20, 2019).

Newborn babies: Stanford Children's Health, "Assessments of Newborn Babies" (www.stanfordchildrens.org/en/topic/default?id=assessments-for-newborn-babies-90-P02336, August 20, 2019).

Kids: Bahar Gholipour, "What Is a Normal Heart Rate?" Live Science, January 12, 2018 (www.livescience.com/42081-normal-heart-rate.html, August 10, 2019).

Adults: Harvard Health Publishing, "What Your Heart Rate Is Telling You," October 23, 2018. (www.health.harvard.edu/heart-health/what-your-heart-rate-is-telling-you, August 20, 2019).

Like a whole cup of blood: Healthwise, "Cardiac Output," July 22, 2018 (uofmhealth.org/health-library/tx4080abcm, August 20, 2019).

A kid's heart is: Garyfalia Ampanozia et al., "Comparing Fist Size to Heart Size Is Not a Viable Technique to Assess Cardiomegaly," *Cardiovascular Pathology* 36 (2018): 1–5

Your heart is powered by: Johns Hopkins Medicine, "Anatomy and Function of the Heart's Electrical System" (www.hopkinsmedicine.org/health/conditions-and-diseases/anatomy-and-function-of-the-hearts-electrical-system, August 10, 2019).

The average adult man's heart weighs: D. Kimberley Molina and Vincent J. M. DiMaio, "Normal Organ Weights in Men: Part I—The Heart," *American Journal of Forensic Medical Pathology* 33, no. 4 (2012): 362–67.

When two people in love hold hands: Lisa Marshall, "A Lover's Touch Eases Pain as Heartbeats, Breathing Sync," CU Boulder Today, June 21, 2017 (www.colorado.edu/today/2017/06/21/lovers-touch-eases-pain-heartbeats-breathing-sync, August 10, 2019).

Your heart makes enough energy: Mark Zimmer, *Illuminating Disease: An Introduction to Green Fluorescent Proteins* (New York: Oxford University Press, 2015).

On average, your heart beats: American Heart Association, "About Arrhythmia," September 2016 (www.heart.org/HEARTORG/Conditions/Arrhythmia/AboutArrthmia/About-Arrthmia_UCM_002010_Article.jsp?appName=MobileApp, August 10, 2019).

血液：在身體裡的時候就沒那麼噁心

The RBCs get their brilliant red: US National Library of Medicine, "Circulation Station" (www.cfmedicine.nlm.nih.gov/activities/circulatory_text.html, August 12, 2019).

Life expectancy: Four months: Robert S. Franco, "Measurement of Red Cell Lifespan and Aging," *Transfusion Medicine and Hemotherapy* 39, no. 5 (2012): 302–7.

A whole army of little fighters: "High White Blood Cell Count," Mayo Clinic, November 30, 2018 (www.mayoclinic.org/symptoms/high-white-blood-cell-count/basics/causes/sym-20050611, August 12, 2019).

Life expectancy: A few hours: Jose Borghans and Ruy M Ribeiro, "T-Cell Immunology: The Maths of Memory," *eLife* 6 (2017) (www.elifesciences.org/articles/26754, August 12, 2019).

Controlling the blood: Franklin Institute, "All About Scabs" (www.fi.edu/heart/all-about-scabs, August 10, 2019).

Life expectancy: Ten days: Nicole LeBrasseur, "Platelets' Preset Lifespan," *Journal of Cell Biology* 177, no. 2 (2007): 186,

A newborn baby's body: Miller Children's and Women's Hospital, "Facts about Donating Blood" (www.millerchildrenshospitallb.org/centers-programs/facts-about-donating-blood, August 10, 2019).

The smallest blood vessel: Franklin Institute, "Blood Vessels" (www.fi.edu/heart/blood-vessels, August 1, 2019).

The blood in your body travels: PBS Nova, "Amazing Heart Facts" (www.pbs.org/wgbh/nova/heart/heartfacts.html, August 8, 2019).

Your blood makes up almost 8 percent: American Society of Hematology, "Blood Basics" (www.hematology.org/Patients/Basics, August 10, 2019).

One blood cell goes through the heart: US National Library of Medicine, "Circulation Station" (www.cfmedicine.nlm.nih.gov/activities/circulatory_text.html, August 12, 2019).

肺部：【不只是】一對打氣筒

Actually smaller than I am: Raheel Chaudhry and Bruno Bordoni, "Anatomy, Thorax, Lungs" (Treasure Island, FL: StatPearls Publishing 2019; www.ncbi.nlm.nih.gov/books/NBK470197, January 5, 2020).

And each bronchiole stems: Apeksh Patwa and Amit Shah, "Anatomy and Physiology of Respiratory System Relevant to Anaesthesia," *Indian Journal of Anaesthesia* 59, no. 9 (2015): 533–41.

Covered in a web of: Latent Semantic Analysis at University of Colorado Boulder, "The Role of the Lungs" (www.lsa.colorado.edu/essence/texts/lungs.html, January 5, 2020).

These six hundred million: Matthias Ochs et al., "The Number of Alveoli in the Human Lung," *American Journal of Respiratory and Critical Care Medicine* 169, no. 1 (2004) (https://doi.org/10.1164/rccm.200308-1107OC, April 11, 2020).

18 to 30: The number of breaths: Eleesha Lockett, "What Is a Normal Respiratory Rate for Kids and Adults?," Healthline, March 14, 2019 (www.healthline.com/health/normal-respiratory-rate, January 4, 2020).

More than 2,000 gallons: American Lung Association, "How Your Lungs Get the Job Done," April 11, 2018 (www.lung.org/about-us/blog/2017/07/how-your-lungs-work.html, January 4, 2020).

1,500 miles (2,400 km): American Lung Association, "How Your Lungs Get the Job Done," April 11, 2018 (www.lung.org/about-us/blog/2017/07/how-your-lungs-work.html, January 4, 2020).

600 million: National Geographic "Lungs" (www.nationalgeographic.com/science/health-and-human-body/human-body/lungs/#close, January 6, 2020).

Over 500 million: Jack L. Feldman and Christopher A. Del Negro, "Looking for Inspiration: New Perspectives on Respiratory Rhythm," *Nature Reviews Neuroscience* 7, no. 3 (2006): 232.

泌尿系統：尿尿力！

Our urinary system is made: KidsHealth from Nemours, "Your Urinary System" (www.kidshealth.org/en/kids/pee.html, July 10, 2019).

Kidneys (NOT to Be Confused with "Kid Knees"): Larissa Hirsch, "Your Kidneys," KidsHealth from Nemours, September 2018 (www.kidshealth.org/en/kids/kidneys.html, July 13, 2019).

"Bilateral symmetry": Brooke Huuskes, "Curious Kids: Why Do We Have Two Kidneys When We Can Live with Only One?," The Conversation, March 18, 2019 (www. theconversation.com/curious-kids-why-do-we-have-two-kidneys-when-we-can-live-with-only-one-113201, July 12, 2019).

The bladder acts as a: Michael Huckabee, "Mind over Bladder: To Hold or Not to Hold," University of Nebraska Medical Center, June 5, 2014 (www.unmc.edu/news.cfm?match=15242, July 12, 2019).

It holds roughly one and a half to two cups: National Institute of Diabetes and Digestive and Kidney Diseases, "The Urinary Tract and How It Works," January 2014 (www.niddk.nih.gov/health-information/urologic-diseases/urinary-tract-how-it-works, July 12, 2019).

Asparagus Whiz: Benjamin Franklin, *Fart Proudly* (New York: Penguin Random House, 2003).

May be linked to genetics: Sarah C Markt et al., "Sniffing Out Significant 'Pee Values': Genome Wide Association Study of Asparagus Anosmia," *BMJ* 355, no. i6071 (2016) (www.ncbi.nlm.nih.gov/pmc/articles/PMC5154975, August 10, 2019).

Brush their teeth with pee: Kristina Killgrove, "6 Practical Ways Romans Used Human Urine and Feces in Daily Life," Mental Floss, March 14, 2016 (www.mentalfloss.com/article/76994/6-practical-ways-romans-used-human-urine-and-feces-daily-life, July 20, 2019).

The US Army Manual: U.S Army Field Manual 3-05.70 (Washington, DC: United States Army, 2002) (www.web.archive.org/web/20090612013729/http:/www.equipped.com/21-76/ch6.pdf, July 20, 2019).

People pee between six and seven: Bladder and Bowel Community, "Urinary Frequency" (www.bladderandbowel.org/bladder/bladder-conditions-and-symptoms/frequency, July 20, 2019).

6　消化系統：把食物變成便便！
消化：溜下消化溜滑梯吧

Before food even enters your mouth: Larissa Hirsch, "Digestive System," KidsHealth from Nemours, May 2019 (www. kidshealth.org/en/parents/digestive.html?WT.ac=p-ra, June 2, 2019).

Food doesn't need gravity's help: Larissa Hirsch, "Digestive System," KidsHealth from Nemours, May 2019 (www. kidshealth.org/en/parents/digestive.html?WT.ac=p-ra, June 2, 2019).

The small intestine is about: KidsHealth from Nemours, "Your Digestive System" (www.kidshealth.org/en/kids/digestive-system.html, June 8, 2019).

The large intestine is about: KidsHealth from Nemours, "Your Digestive System" (www.kidshealth.org/en/kids/digestive-system.html, June 8, 2019).

A grownup's entire digestive tract: American Society for Gastrointestinal Endoscopy, "Quick Anatomy Lesson: Human Digestive System," August 2014 (www.asge.org/home/about-asge/newsroom/media-backgrounders-detail/human-digestive-system, June 8, 2019).

糞便：關於便便的內線消息

In 1997, Dr. Ken Heaton: S. J. Lewis and K. W. Heaton, "Stool Form Scale as a Useful Guide to Intestinal Transit Time," *Scandinavian Journal of Gastroenterology* 32, no. 9 (1997): 920–24.

75 percent water and 25 percent: C. Rose, A. Parker, B. Jefferson, and E. Cartmell, "The Characterization of Feces and Urine: A Review of the Literature to Inform Advanced Treatment Technology," *Critical Reviews in Environmental Science and Technology* 45, no. 17 (2015): 1827–79.

According to a 2003 study: Dov Sikirov, "Comparison of Straining During Defecation in Three Positions: Results and Implications for Human Health," *Digestive Diseases and Sciences* 48 (2003): 1201–5.

While we don't know: Ainara Sistiaga, Carolina Mallol, Bertila Galván, and Roger Everett Summons, "The Neanderthal Meal: A New Perspective Using Faecal Biomarkers," *PLOS One* 9, no. 6 (2014) (www.journals.plos.org/plosone/article?id=10.1371/journal.pone.0101045, July 10, 2019).

排氣檢驗站：自賣自誇

The average healthy person: Purna Kashyap, "Why Do We Pass Gas?" TED ED (www.ed.ted.com/lessons/why-do-we-pass-gas-purna-kashyap, July 10, 2019).

The Guinness World Record for Loudest Recorded: Rachel Swatman, "Loudest Burp—Meet the Record Breakers Video," Guinness World Records, April 21, 2016 (www.guinnessworldrecords.com/news/2016/4/loudest-burp-%E2%80%93-meet-the-record-breakers-video-425916?fb_comment_id=1024674550935142_1103725996363330, July 10, 2019).

7 免疫系統：生病了！

Every day, microscopic invaders: MedlinePlus, "Immune Response" (www.medlineplus.gov/ency/article/000821.htm, July 10, 2020).

They have the power to multiply: M. Drexler, *What You Need to Know About Infectious Disease* (Washington, DC: National Academies Press, 2010), 23–24.

Release harmful molecules called toxins: James Byrne, "Bacterial Toxins," *Scientific American,* November 10, 2011 (blogs.scientificamerican.com/disease-prone/bacterial-toxins, July 10, 2020).

Most are pretty harmless: Gabriela Jorge Da Silva and Sara Domingues, "We Are Never Alone: Living with the Human Microbiota," *Frontiers for Young Minds,* July 17, 2017 (kids.frontiersin.org/article/10.3389/frym.2017.00035, July 10, 2020).

The kind in your gut: Jo Napolitano, "Exploring the Role of Gut Bacteria in Digestion," Argonne National Laboratory, August 19, 2010 (www.anl.gov/article/exploring-the-role-of-gut-bacteria-in-digestion, July 10, 2020).

They reproduce by invading a body cell: National Geographic Society, "Viruses" (www.nationalgeographic.org/encyclopedia/viruses, July 12, 2020).

Hitching a ride on the food you eat: Centers for Disease Control and Prevention, "Foodborne Germs and Illnesses" (www.cdc.gov/foodsafety/foodborne-germs.html, July 12, 2020).

Disguising themselves in the air you breathe: E. L. Bodie et al., "Urban Aerosols Harbor Diverse and Dynamic Bacterial Populations," *Proceedings of the National Academy of Sciences of the United States of America* 104, no. 1 (2007): 299–304.

Trap germs with its super-stick power: Greta Friar, "Mucus Does More Than You Think," *MIT Scope,* March 17, 2017 (scopeweb.mit.edu/mucus-does-more-than-you-think-8b12f8f6feae, July 12, 2020).

Chemical-filled and ready to kill: T. Vila, A. M. Rizk, et. Al, "The Power of Saliva: Antimicrobial and Beyond," *PLOS Pathogens* 15, no. 11 (2019) (www.doi.org/10.1371/journal.ppat.1008058, July 12, 2020).

You're washing away: Centers for Disease Control and Prevention, "Show Me the Science—Why Wash Your Hands?" (www.cdc.gov/handwashing/why-handwashing.html, July 12, 2020).

8　生殖系統：人造人的方法
生命週期：一起來探索！

It can heal its own: Reena Mukamal, "How Humans See in Color," American Academy of Ophthalmology, June 8, 2017 (www.aao.org/eye-health/tips-prevention/how-humans-see-in-color, February 2, 2020).

Create a new layer of skin: Kids Health from Nemours, "Your Skin" (www.kidshealth.org/en/kids/skin.html, February 2, 2020).

The male cells are called: Steven Dowshen, "All About Puberty," Kids Health from Nemours, October 2015 (www.kidshealth.org/en/kids/puberty.html, February 4, 2020).

This embryo will grow: Steven Dowshen, "All About Puberty," Kids Health from Nemours, October 2015 (www.kidshealth.org/en/kids/puberty.html, February 4, 2020).

However, sometime between: Steven Dowshen, "All About Puberty," Kids Health from Nemours, October 2015 (www.kidshealth.org/en/kids/puberty.html, February 4, 2020).

Puberty tends to occur: Steven Dowshen, "All About Puberty," Kids Health from Nemours, October 2015 (www.kidshealth.org/en/kids/puberty.html, February 20, 2020).

青春期：你說什麼期？

Expect a rapid growth: Cleveland Clinic, "Boys, BO and Peach Fuzz: What to Expect in Puberty," December 7, 2017 (www.health.clevelandclinic.org/boys-bo-and-peach-fuzz-what-to-expect-in-puberty/, February 4, 2020).

Boys may notice: Cleveland Clinic, "Boys, BO and Peach Fuzz: What to Expect in Puberty," December 7, 2017 (www.health.clevelandclinic.org/boys-bo-and-peach-fuzz-what-to-expect-in-puberty/, February 4, 2020).

Girls may notice: Cleveland Clinic, "Puberty: Is Your Daughter On Track, Ahead Or Behind?" December 28, 2017 (www.health.clevelandclinic.org/puberty-in-girls-whats-normal-and-whats-not/, February 5, 2020).

Everyone can count on: Stanford Children's Health, "Puberty: Teen Girl" (www.stanfordchildrens.org/en/topic/default?id=puberty-adolescent-female-90-P01635, February 5, 2020).

Puberty hormones are: Alicia Diaz-Thomas, Henry Anhalt, and Christine Burt Solorzano, "Puberty," Hormone Health Network, May 2019 (www.hormone.org/diseases-and-conditions/puberty, February 24, 2020).

Pimples or acne are: American Academy of Dermatology Association, "Acne: Who Gets It and Causes" (www.aad.org/public/diseases/acne/causes/acne-causes, February 24, 2020).

During puberty, your: Dominique F. Maciejewski et al., "A 5-Year Longitudinal Study on Mood Variability Across Adolescence Using Daily Diaries," *Child Development* 86, no. 6 (2015): 1908–21.

When it comes time: UCLA Health, "Sleep and Teens" (www.uclahealth.org/sleepcenter/sleep-and-teens, February 16, 2020).

A hormone called melatonin: Kyla Wahlstrom, "Sleepy Teenage Brains Need School to Start Later in the Morning," The Conversation, September 12, 2017 (www.theconversation.com/sleepy-teenage-brains-need-school-to-start-later-in-the-morning-82484, February 17, 2020).

If there's one thing: Steven Dowshen, "All About Puberty," Kids Health from Nemours, October 2015 (www.kidshealth.org/en/kids/puberty.html, February 20, 2020).

During puberty, you might start: Steven Dowshen, "Your Changing Voice," Kids Health from Nemours, October 2015 (www.kidshealth.org/en/kids/puberty.html, February 20, 2020).

There are actually many more ways: Planned Parenthood, "What Is Intersex?" (www.plannedparenthood.org/learn/gender-identity/sex-gender-identity/whats-intersex, March 23, 2020).

紅利時間：屁屁

"The two round fleshy parts": Lexico, powered by Oxford, "Buttock," Oxford English Dictionary (www.lexico.com/en/definition/buttock, July 27, 2020).

Located underneath a layer of fat: Stephanie Dolgoff, "The Complete Guide to Your Butt Muscles," *Shape,* March 2, 2020 (www.shape.com/fitness/tips/butt-muscles-guide, July 12, 2020).

Largest and most powerful: Lily Norton, "What's the Strongest Muscle in the Human Body?" Live Science, September 29, 2010 (www.livescience.com/32823-strongest-human-muscles.html, July 12, 2020).

Women often wore bustles: Fashion Institute of Technology, "Bustle," Fashion History Timeline, December 27, 2017 (fashionhistory.fitnyc.edu/bustle, July 12, 2020).

Some turtles breathe out of their butts: John R. Platt, "Butt-Breathing Turtle Now Critically Endangered," *Scientific American,* December 12, 2014 (blogs.scientificamerican.com/extinction-countdown/butt-breathing-turtle-now-critically-endangered, July 12, 2020).

70 percent of its oxygen: R. Muryn et al., "Health and Hibernation of Freshwater Turtles," ResearchGate, July 14, 2018 (www.researchgate.net/publication/326400528_Health_and_Hibernation_of_Freshwater_Turtles, July 12, 2020).

Buttzville, New Jersey: Peter Genovese, "From Buttzville to Bivalve: N.J.'s 20 Most Colorfully Named Towns," NJ.com, August 27, 2015 (www.nj.com/entertainment/2015/08/njs_20_most_colorfully-named_towns_miami_beach_man.html, July 12, 2020).

圖片來源

7activestudio/iStock/Getty Images: 97（心臟）

Scott Barbour/Getty Images: 61

max blain/Shutterstock: 97（卡車）

Paul Brown/Chronicle/Alamy: 158

C Squared Studios/Photodisc/Getty Images: 113, 132（馬桶）

Steve Cole/Photodisc/Getty Images: 34

DuohuaEr/Alamy: 144（嘴巴）

gfrandsen/iStock/Getty Images: 127

Guinness World Records Limited: 14, 16, 26（上方）, 37, 71

hideous410grapher/iStock/Getty Images: 26（左下方耳朵）, 144（耳朵）

Houghton Mifflin Harcourt: 52（鞋子）, 65（下方照片）, 106

Guy Jarvis/Houghton Mifflin Harcourt: 52（烤麵包機）

©kickers/iStockphoto.com: 11

Dan Kosmayer/Shutterstock: 18

Nick Koudis/Photodisc/Getty Images: 26（右上與右下耳朵）

Michael Krinke/iStockphoto.com: 64（下方照片）

RyanJLane/E+/Getty Images: 129

Gang Liu/Shutterstock: 26（左上方耳朵）

©ltummy/Shutterstock: 84

PeterTG/iStock/Getty Images: 64（上方照片）

Ingrid Prats/Shutterstock: 88

Roberts Ratuts/Alamy: 108（車子）

John A. Rizzo/Photodisc/Getty Images: 74

schankz/Shutterstock: 144（鼻子）

Russell Shively/Shutterstock: 82

DebbiSmirnoff/iStockphoto.com: 108（蛋糕）

Stocktrek Images/Stocktrek Images/Getty Images: 153

H. Mark Weidman Photography/Alamy: 65（上方照片）

Wim Wiskerke/Alamy: 111

索引

謝　辭

作者想要感謝以下這些人為這本書付出的心力：

編輯：艾咪・克勞德

插畫：傑克・提戈

萬事包辦：梅莉迪絲・哈爾朋恩－蘭澤

調查與查證：潔西卡・巴迪

調查：瑪德琳・邊德和安娜・札戈斯基

設計：瑪麗・克萊兒・克魯茲和艾比・丹寧

後製編輯：海倫・賽胥理特和艾瑞卡・韋斯特

後製協調：梅莉莎・西奇特利

審稿：梅根・根德爾

校對：蘇珊・碧軒斯基

索引編目：伊莉莎白・帕森

　　我們也要衷心感謝霍頓・米夫林・哈考特出版社的夥伴們，尤其是卡特・翁德、愛蜜莉亞・羅德斯、馬特・史懷哲、麗莎・迪薩羅、約翰・舍勒斯、塔拉・沙納漢、柯琳・墨菲和艾德・史佩德。

　　特別感謝我們的經紀人史蒂芬・馬爾克。

　　蓋伊要謝謝他的家人漢娜、亨利與布蘭姆。

　　明蒂要謝謝她的家人萊恩、瑞德與柏蒂。